U0415878

西藏雅鲁藏布江巴玉水电站枢纽及临建区泥石流与冰川危害性调查研究

XIZANG YALUZANGBU JIANG BAYU SHUIDIANZHAN SHUNIU JI LINJIANQU NISHILIU YU BINGCHUAN WEIHAIXING DIAOCHA YANJIU

赵 怀　李 凯　编著

图书在版编目(CIP)数据

西藏雅鲁藏布江巴玉水电站枢纽及临建区泥石流与冰川危害性调查研究 / 赵怀，李凯编著.—武汉：中国地质大学出版社，2024. 7.—ISBN 978-7-5625-5910-8

Ⅰ. P694

中国国家版本馆 CIP 数据核字第 2024PU4645 号

西藏雅鲁藏布江巴玉水电站枢纽及临建区
泥石流与冰川危害性调查研究 赵怀 李凯 **编著**

责任编辑:谢媛华 选题策划:谢媛华 责任校对:宋巧娥

出版发行:中国地质大学出版社(武汉市洪山区鲁磨路 388 号) 邮编:430074
电 话:(027)67883511 传 真:(027)67883580 E-mail:cbb@cug.edu.cn
经 销:全国新华书店 http://cugp.cug.edu.cn

开本:787 毫米×960 毫米 1/16 字数:211 千字 印张:10.75
版次:2024 年 7 月第 1 版 印次:2024 年 7 月第 1 次印刷
印刷:武汉中远印务有限公司

ISBN 978-7-5625-5910-8 定价:78.00 元

目　录

第一章

绪　论

第一节 研究背景及意义

泥石流是指在山区或者其他沟谷深壑、地形险峻的地区，因为暴雨、暴雪或其他自然灾害引发的山体滑坡并携带有大量泥砂以及石块的特殊洪流，是一种常见的山地灾害，具有突发、流速快、流量大、物质容量大和破坏力强等特点。我国是一个多山国家，尤其是在西北与西南地区，泥石流频发，对人民生命财产安全造成巨大危害。如“5·12”四川汶川大地震引起的泥石流、“9·10”山西临汾尾矿库坝造成的泥石流、“11·2”云南楚雄泥石流、“8·7”甘肃舟曲特大山洪泥石流等。泥石流不仅以惊人的动力作用给山区及河谷地貌造成不同程度的破坏，而且泥石流冲积扇可将耕地演变成荒废的沙石滩地，对区域生态环境造成极大的不良影响。泥石流汇入主河道，还可能形成天然坝和堰塞湖，顷刻之间使河床地貌发生巨变，同时潜伏着再次暴发溃决性泥石流的危险。当前我国社会经济快速发展，城镇化建设以及重大工程建设中，山区泥石流的危害不容忽视，如何兴利除害、有效防治泥石流已成为学术界和工程界普遍关注的问题。巴玉水电站位于西藏自治区桑日县境内，是雅鲁藏布江干流中游曲水大桥—派镇规划河段推荐方案的第一级水电站。该梯级初拟正常蓄水位3540m，坝前壅水高95.0m，总库容$1.445\times10^8m^3$，拟建混凝土重力坝，坝高达145m，装机80MW，正常蓄水位3540m，回水至桑日县县城一带，水库长约38km，相应库容$1.445\times10^8m^3$。巴玉水电站坝址河段河谷深切，坝址区两岸发育11条冲沟，各冲沟固体松散物质来源丰富，工程建设区山顶常年积雪覆盖，并有冰川分布，有冰川活动及发生泥石流的可能，故正确判断泥石流对电站枢纽工程(大坝、引水发电系统、泄洪系统等)、施工临建设施(围堰、砂石拌合系统、渣场)及库坝区复建公路(道路、桥梁等)是否产生危害及危害程度，对巴玉水电站的设计、施工及运行具有重要意义。

自20世纪60年代以来，有地质部门先后在本研究区进行过区域地质及水文地质普查工作，对本区的地层岩性、地质构造、水文地质条件、岩土体工程地质性质进行了较为详细的调查和研究，积累了丰富的基础资料，这些基础资料为本次勘查工作的开展奠定了坚实的基础。但以往工作仅限于一般性的常规调查，未进行过与地质灾害有关的专门性勘查及详细调查研究，如地形测量、地质测绘、松散物分布等具体工作均未涉及。

鉴于上述原因，笔者广泛收集了国内外研究成果资料进行详细分析，在此基础上，通过大量的野外调查和室内分析计算工作，对西藏雅鲁藏布江巴玉水电站枢纽及临建区泥石流灾害发育特征及其危害性进行了研究。研究工作可为西藏雅鲁藏布江巴玉水电站枢纽及临建区防灾减灾、发展规划及地质环境监督管理提供决策依据，对保护地质环境、减少地质灾害造成的经济损失具有重要作用，且该项研究结合具体工程进行，具有较强的实际应用价值，可供广大从事地质灾害调查的技术人员参考，为类似地区地质灾害调查研究和评价提供借鉴。

第二节 主要术语及其定义

地质灾害(geohazard)：是指自然因素或人为活动引发的对人类生命、财产和生存环境造成破坏或损失的地质作用及现象。本专著中主要指泥石流灾害。

地质灾害易发性(geohazard susceptibility)：是一个地区基础地质环境条件所决定的发生地质灾害的空间概率的度量，也即"什么地方容易发生地质灾害"。地质灾害易发性评价在国外也叫地质灾害敏感性评价，是进行地质灾害危险性和风险性评价的基础。地质灾害易发性评价是一个映射分析，是用数学的语言来表述在给定地质环境条件下地质灾害失效的空间发生概率。它重点分析在现有地质灾害编目的基础上，在所处植被覆盖、地形地貌、地质环境、气象水文、斜坡结构、地质构造土地利用等条件下发生地质灾害的可能性，是地质灾害发生倾向性的综合度量。

地质灾害危险性(geohazard probability)：是指在特定时间内给定的区域中潜在破坏现象发生的概率，如果将地质灾害的出现视为随机事件，则地质灾害危险性分析的任务就是估计各种强度的地质灾害发生的概率或重现期。

地质灾害危害性(geohazard consequence)：是指地质灾害发生所导致的后果或潜在后果的严重程度，一般用财产损失价值、建筑物破坏价值及人员伤亡数等指标来表征。

分区(zoning)：根据实际或者潜在的地质灾害易发性、危险性或者风险程度，将土地划分成几大类或几大同质的区域并根据其程度进行排序。

第三节　国内外研究现状

泥石流灾害作为自然界常见的灾害形式之一，由于对国民经济和人民生命财产具有巨大的危害，且形成过程复杂，已成为国内外工程技术人员关注的热点和研究的难题。随着国内外学者对泥石流灾害研究的不断深入，针对泥石流的调查研究目前已形成一套较成熟的理论体系，研究方法随着相关学科的发展而不断完善和丰富，研究手段也随着科学进步而不断改进和提高，研究内容从最初的灾害形成机理向地质灾害评价、综合区划转变，为基于不同目的与不同角度及层面的生产研究工作提供了有益的借鉴和参考。尽管国内外学者对泥石流灾害危险性的研究历史较为久远，但不同地区的泥石流因所处地区地质条件不同，致灾模式不完全相通，仍需要有针对性地进行分析，并且泥石流与冰川危害性调查研究成果较少。同时，地质灾害易发性评价作为灾害研究领域中一门新边缘学科，在近年来随着地质灾害发生频率及造成损失规模和死亡人数增多而日益受到工程技术人员的重视，与其相关的学科理论和技术也随之迅速发展起来。这些成果在防灾减灾救灾中发挥了重要作用。

1. 国内研究现状

我国开展泥石流危险性评价的研究较晚，但已取得了显著成果。

1986 年，谭炳炎对泥石流严重程度综合评判进行了研究，提出了如何判定泥石流沟及泥石流沟活动的严重程度评判依据，即试图解决泥石流调查勘测中的错判、漏判和轻判问题。

1988 年，刘希林对泥石流危险度判定进行了研究，提出了判定泥石流危险度的 8 项指标和定量方法，并将泥石流危险度定义为泥石流对环境的威胁和危害程度。

1993 年，刘希林等重新提出了泥石流危险度的定义和泥石流危险度多因子综合定量判定模式及其计算公式，随着各种数学理论的成熟，许多学者开始注重运用数学方法来解决泥石流危险性评价的问题，研究成果大量涌现，其中具有代表性的有模糊数学方法、灰色关联分析等的应用，使得泥石流沟谷危险度的研究发展到了能够精确定量、模型模式化操作的程度。

1998—2002 年，唐川等基于山地斜坡地质环境条件、灾害史划分危险等级及泥石流对人类和财产造成损失的程度，提出运用 GIS 和神经网络法进行泥石流风险评估。

2000 年，向喜琼等在总结发达国家和中国香港地区风险评估经验的基础上，提出从区域上对泥石流等地质灾害进行风险评估的基本构想。

2003—2006 年，刘希林等提出了用人口经济和土地资源代表自然环境的综合评估泥石流灾害风险的复合函数模型，并总结了单沟泥石流综合评价方法。

2004 年，余宏明等根据巴东地区泥石流特征的分析结果，采用模糊数学法建立了泥石流危险性评价模型，并应用该模型对城区 3 条冲沟的泥石流危险度作出了评价，对该地区泥石流的预防和治理具有重要作用。

2008 年，韩用顺等利用已有泥石流调查资料，建立泥石流风险性评价体系，提出了风险性评价的定量计算方法，并与遥感技术相结合，对云南昆明地区的泥石流灾害进行定量风险性评价，评价结果与区域内泥石流实际分布状况基本一致，该理论方法对泥石流灾害的评价与防治具有一定的指导作用。

2008 年，张茂省等提出按照危险性和危害性的风险矩阵方式评估泥石流风险，并以陕西延安宝塔区为例进行泥石流等地质灾害风险评估研究和探索。

2009 年，吴树仁等基于对地质灾害易发程度和危险性工作的探索，提出采用定性分析和定量评价相结合的方法进行地质灾害风险性评估，并提出了地质灾害易发性、危险性及风险性评估区划的基本工作流程，讨论了地质灾害风险性评估中的一些难点问题，对地质灾害风险性评估技术指南的编制和修改完善具有重要参考价值。

2013 年，陈鹏宇等针对经典泥石流危险度评价中以灰色关联度作为次要危险因子筛选依据的不足，采用复相关系数作为泥石流次要危险因子筛选的依据，从而建立了泥石流危险度评价的主要危险因子与次要危险因子组合的多因子体系，并针对次要危险因子与主要危险因子之间存在显著相关性，采用独立信息数据波动赋权法计算了泥石流次要危险因子的权重，建立了泥石流危险度评价的计算公式。同年，陈鹏宇等提出了结合散点图和 Spearman 等级相关评价泥石流主次危险因子相关性的方法，以散点图作为危险因子初步筛选的依据，以云南省数条泥石流沟的基础数据为例，建立了泥石流危险度综合评价模型。

2014 年，孙美平等对 2013 年 7 月 5 日西藏自治区嘉黎县忠玉乡发生“7・5”冰湖溃决洪水灾害事件，基于不同时间段地形图和遥感影像资料，利用地理信息技术，发现导致“7・5”洪水灾的溃决冰湖为然则日阿错。该冰湖溃决的直接诱因是雪崩和冰崩的共同作用，间接诱因是溃决前的强降水过程及气温的快速上升，而冰湖长期稳定扩张导致水量聚集是其溃决并造成巨大灾害的基础。这些发现为今后一段时间内该地加强监测工作与排险工程实施提供了依据。

2015年，赵学宏等以文献计量学方法为基础，从泥石流灾害相关概念出发，评述了国内外泥石流研究的最新动态，对今后该研究领域的重要发展方向进行了分析。

2017年，方成杰等为了准确地对中巴公路沿线泥石流进行易发性评价，针对评价过程中存在随机性和模糊性的问题，建立了基于正态云的泥石流易发性评价模型。该模型首先根据勘察规范选取了14个评价指标，并基于易发性分级标准生成每个指标隶属于不同等级的数字特征，然后利用正向正态云发生器模拟实测样本值隶属于各等级的确定度，结合评价指标权重得到评价样本的综合确定度，最后按照最大确定度原则选择泥石流易发性等级。将中巴公路沿线泥石流易发性等级评价实例结果与采用其他评价方法所得结果进行对比，结果表明，该模型应用于泥石流易发性评价是合理可行的，且该模型概念清晰、计算简便，为类似不确定性问题的处理提供了一种新的参考。

2020年，柴波等以西藏聂拉木县嘉龙湖为例，建立了一套冰湖溃决型泥石流危险性评价方法，以喜马拉雅山区1970—2015年气温波动频次和聂拉木冰湖溃决历史事件预测了未来10年嘉龙湖溃决的时间概率；利用遥感影像识别嘉龙湖上方不稳定冰体的范围和规模，采用美国土木工程师协会推荐公式和修正的三峡库区涌浪计算方法分析了冰川滑坡产生的涌浪规模，从涌浪波压力和越顶水流推力两方面预测了冰碛坝发生失稳的可能性；采用FLO-2D模拟冰湖溃决泥石流的运动过程，以最大流速和泥深表达了嘉龙湖溃决泥石流的危险程度。评价结果表明，2002年嘉龙湖溃决事件与当年气温偏高有关，未来嘉龙湖发生溃决概率高；冰川滑坡激起涌浪能够翻越坝顶，并引起坝体快速侵蚀而溃决；冰湖溃决泥石流对聂拉木县城河道两侧54栋建筑造成威胁。评价方法实现了冰湖溃决型泥石流危险性的定量分析，评价结果对聂拉木县城泥石流防灾具有现实意义。

2022年，龚凌枫等以派镇蹦嘎沟泥石流为例，采用地面调查、钻孔及^{14}C测年等方法，研究泥石流形成年代序列、堆积深度、冲出范围等特征。分析结果表明，现代蹦嘎沟依然有小规模的支沟泥石流发育且堆积物广泛堆积于沟道内，现存堆积扇区域尚未发现泥石流堆积；距今8500年左右为蹦噶沟全新世泥石流活跃期，单期次累积堆积深度约 10.9m；滨湖浅水相沉积（河流相）形成的浅灰色粉细砂中的两处碳样表明，雅鲁藏布江现代河床在 40～100 年沉积深度约0.4m，年平均沉积速率 4～10mm/a，海拔 2 906.1～2 896.7m 及 2 849.4～2 848.2m 处钻孔依次揭露厚度为 9.4m 和 1.2m 的饼状青灰色粉质黏土，推测发生两次堵江事件。研究结果可为该区域全新世以来泥石流活动性特征研究提供参考。

2023 年，刘府生等以西藏洛隆县冻错曲冰湖为例，基于现场调查、遥感解译、特征值计算和数值模拟方法，对冻错曲冰湖泥石流孕灾条件、动力学特征及溃决演进过程进行研究，分析其对下游工程建设的影响。采用无量纲堵塞指数（dimensionless blockage index，DBI）方法对冻错曲冰湖堰塞体稳定性进行评价，结果表明该堰塞体位于非稳定区与稳定区之间，存在发生溃决的风险。基于三维动态模拟软件 RAMMS 的 Voellmy－Salm 单相流模型，模拟分析了冻错曲冰湖泥石流在两种溃决模式下的演进过程。研究成果有助于评价冰湖溃决型泥石流的危害性，并为工程防治设计提供参考。

2024 年，贾世济等针对泥石流危险性评价中确定指标权重过度主观的缺陷，以甘肃省陇南市武都区两水村大湾沟泥石流为例，根据其地质环境特征，选取一次泥石流最大冲出量、流域面积、主沟长度、流域相对高差、泥沙补给段长度比、24h 最大降雨量、人口密度共 7 个因子作为泥石流危险性评价指标，引入熵权和层次分析法（EW－AHP）组合赋权确定指标权重，建立基于未确知测度理论的单沟泥石流危险性评价模型，为今后泥石流危险性评价提供了一种新途径。

经过 30 多年的发展，尽管我国地质工作人员在地质灾害易发性评价工作的理论和实践方面已取得了较为丰硕的成果，但目前国内在地质灾害评价方面仍未形成完善的理论体系与方法，也没有统一的评价标准。

2. 国外研究现状

1928 年，美国地质学家 Blackwelder 发表了一篇题为《半干旱山区的地质营力：泥石流》的论文，第一次把泥石流作为一个独立的研究对象进行研究。到 20 世纪 50 年代一大批有关泥石流、滑坡研究的论文和专著先后问世。

美国和西欧国家自 20 世纪 70 年代初开始了地质灾害危险性的研究，美国于 20 世纪 60 年代末对其西部城市加利福尼亚地质灾害的敏感性进行了评价与预测，20 世纪 70 年代法国提出了斜坡地质灾害危险性系统，进入 20 世纪 80 年代，对地质灾害危险性评价的研究更加广泛。

1976 年，联合国决定由国际工程地质与环境协会（International Association

for Engineering Geelogy and the Environment IAEG)执行滑坡、泥石流危险度评价的基础研究。该项目由美国联邦地质调查局 David J. Vrames 博士牵头组织实施,1984 年完成的研究报告系统总结了近年来世界各国的研究成果,完成了滑坡与泥石流调查、样本数据分析、评价方法和检验分析的研究。

1977 年,日本足立胜治等开展了泥石流发生危险度的判定研究,主要从地貌条件、泥石流形态和降雨三方面判定泥石流发生率。

20 世纪 90 年代初,Cendrero 等提出了环境质量评价新思路。该思路在评价环境因素和整体环境质量时,依据问题性质选择评价因子,并将其转化为可比的指标;然后,按评价指标的相对重要性加权综合,用环境因素质量的综合指标来衡量整体环境的质量。从 20 世纪 90 年代起,围绕国际减灾 10 年计划行动,北美及欧洲许多国家在原地质灾害危险性分区研究的基础上,开展了地质灾害危险性与土地使用立法的风险评价研究,把原来单纯的地质灾害危险性研究拓宽到综合减灾效益方面的系统研究。1992 年,地质技术与自然灾害研讨会在加拿大温哥华召开;1994 年,世界减灾大会在日本横滨召开;2003 年,地质灾害防治领域重大科学技术问题研讨会在我国北京召开;2004 年,国际地质大会在意大利佛罗伦萨召开;2006 年,国际地质工程及地质灾害新技术研讨会在我国长春召开。

1989 年,美国国家研究理事会(National Research Council,NRC)及联邦所属科学和减灾机构制订 10 年减灾计划,研究人员从地质灾害发育机理、分布及其致灾形成过程进行了深入研究,并将地质灾害评价列入重要研究内容,就地质灾害的三要素(孕育环境、致灾因子和承灾体)进行了讨论,发展和完善了灾害学理论。

国际上对泥石流危险性评价及防治技术的研究较早,研究成果也较多。19 世纪末和 20 世纪初,阿尔卑斯山周边的国家颁布了一些法律,并采取植树造林和水利工程相结合的综合治理方法,有效控制了阿尔卑斯山区泥石流的发展。除此之外,欧洲国家对泥石流灾害危险性评价较早采用了类似于交通信号中红、黄和绿三色的特定意义,以此对泥石流危险性进行分区。

20 世纪中上叶,苏联曾建立了专门的泥石流研究委员会,并多次开展全苏联泥石流研究会议,从理论和方法上对泥石流防治工作提出建议,明确提出泥石流是一个多学科融合的交叉性学科,为更好地进行研究,必须呼吁各领域专家共同参与。此次会议统一了泥石流研究重点和方法,明确了研究目标,对苏联后来的泥石流研究发展起到了积极作用,在一段时间内引领苏联泥石流研究走在世界前列。

日本对泥石流研究也十分重视,并且相关研究进展速度迅猛。日本的地貌类型和气候条件致使其境内极易发生泥石流,加之人口密度较大,泥石流产生的危害较大。日本为有效控制泥石流灾害投入了大量的财力物力,对泥石流的研究在短时间内取得了显著成效,实验模拟和数学计算方面的成果已经能够为泥石流灾害防治提供理论依据,提出的实际方法在应对泥石流暴发方面切实可靠,建造了防泥石流堤坝,有效地减少了泥石流带来的损失。对于泥石流的运动形态,日本现阶段多采用多普勒流速仪对水位、流速等水文物理量进行观测。

美、英等国的泥石流研究在同一时期也发展迅速,体现在以下几个方面:①建立泥石流调查监测体系,测算并公布泥石流的数量;②将计算机技术应用到泥石流研究上,使得测算结果更加精确,信息收集更加便捷;③通过研究泥石流特征,建立泥石流流型和特征测算的公式;④广泛开展学术交流与讨论,共同应对泥石流带来的危机。

在泥石流预警预报领域,美国的相关研究较为成熟,2005 年美国国家海洋和大气管理局(National Oceanic and Atmospheric Administration,NOAA)和美国地质勘探局(United Stated Geological Survey,USGS)共同合作开发了 NOAA - USGS 泥石流预警系统,该系统是国际上最全面、先进的泥石流早期预警系统。NOAA 和 USGS 还计划把更先进的降水预报和测量技术应用于该预警系统,以预测不利的地理环境和泥石流触发条件并描述泥石流灾害的发生。根据泥石流研究领域国际发表成果数量分析结果,1975—2010 年论文发表数量最多的国家为美国,其后依次为意大利、英国、加拿大、法国、日本、中国、德国、瑞士和西班牙。发表论文数量的多少在一定层面上也反映出国家在泥石流研究领域的研究力量。

比较著名的国际泥石流研究机构主要有美国地质调查局、意大利国家研究理事会、中国科学院、日本京都大学、加拿大地质调查局、加拿大英属哥伦比亚大学、华盛顿大学、意大利博洛尼亚大学、英国布里斯托大学和俄罗斯科学院。滑坡、泥石流、地震、地理信息系统仍然是各个机构最为关注的,但关注程度各不相同。

2018 年 11 月 5 日—11 月 6 日,第五届国际泥石流学术会议在我国北京召开,为世界各国泥石流研究者提供了一个进行国际学术交流的平台,探讨如何利用在山地灾害发生机理、预测预报及工程减灾方面的最新科学研究成果进行防灾与减灾,促进科研人员、工程技术人员之间的理论与技术交流。

总之，进入21世纪以来，国内外地质灾害研究有以下一些明显的趋势和特点：①灵活运用现代科技手段系统深入地研究地质灾害，从更广和更深的角度出发，研究地质灾害的成因机理、特征、分类以及防治等相关问题。②"3S"[地理信息系统(GIS)、遥感(RS)、全球定位系统(GPS)]技术和灾害制图技术等现代技术将被广泛应用到对中小流域地质灾害的区域评价中，并且朝着准确估测灾害等级、弄清时空分布的目标努力，以期提前预警，减少地质灾害给人民群众带来的危害。③比以前更加注重研究地区的地质地貌特征，据此建立地区的区域性地质灾害预警系统，防范于未然。

第四节 主要研究内容与技术路线

1. 主要研究内容

本书在总结已有泥石流危害性研究成果和工程经验的基础上，结合西藏雅鲁藏布江巴玉水电站枢纽及临建区泥石流灾害危害调查工程实例，通过大量野外实地调查和室内计算分析，对西藏高原区泥石流的形成条件、发育特征及其危害性等进行了深入调查研究，并结合当地的地理环境特征提出了相应的防治措施和建议。主要研究内容如下：

(1)研究区工程地质条件调查与分析。通过大量野外实地调研、访问及室内资料收集，查清研究区内地形地貌、气象与水文条件、地层岩性、地质构造及水文地质条件等方面的现状及其演化特征。

(2)研究区泥石流发育特征与流体特征研究。通过大量野外调查，查明区域内典型泥石流沟谷地形特征、泥石流类型、不良地质现象及松散物质储量等泥石流形成条件。基于野外调查结果，计算分析区域内泥石流的峰值流量、流速、冲击力和最大冲起高度等运动特征及动力参数。

(3)泥石流灾害危害性评价及分区。基于上述研究结果及相关规范，对泥石流灾害的危害性进行评价。根据危害性评价结果，借助地理信息系统软件(ERDAS IMAGIN 9.1)，对区域内泥石流灾害的危险性进行分区。

(4)提出适宜的防治措施与建议。基于上述研究结果，结合西藏雅鲁藏布江巴玉水电站枢纽及临建区地理环境和交通状况，提出适宜的泥石流防治措施和建议。

2.技术路线

本书在广泛收集国内外泥石流地质灾害研究资料的基础上，通过野外调研和室内计算分析，选取适宜的方法开展研究工作，技术路线如图1-1所示。

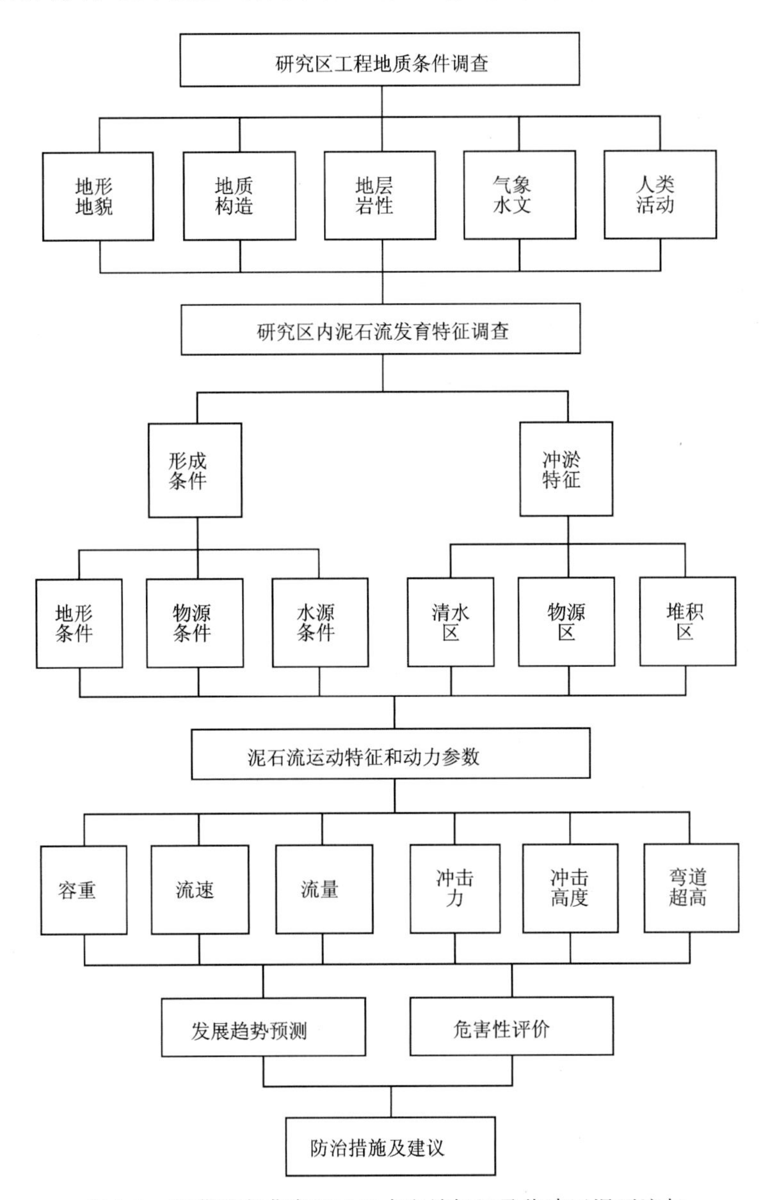

图1-1 西藏雅鲁藏布江巴玉水电站枢纽及临建区泥石流与冰川危害性调查研究技术路线图

第五节　勘查工作概况与质量评述

根据《巴玉水电站冰川与泥石流危害性调查研究科研委托任务计划书》，巴玉水电站泥石流与冰川危害性调查研究工作自项目商议阶段起，调查人员就结合工作计划开始查阅资料并进行了卫片的解译工作。项目协议签订后，立即赴现场进行了为期 24d 的野外勘查工作。勘查工作除了开展地质灾害调查、工程地质测绘和纵横剖面测绘外，还开展了以雷达和物探为手段的实测剖面勘查。收队后，随即转入室内进行资料整理和成果报告编制。

本次泥石流勘查工作严格按照《泥石流灾害防治工程勘查规范》(DZ/T 0220—2006)及其他与泥石流、冰川、冰湖等有关的规范进行，完成的实物工作量见表 1-1～表 1-2。

(一)自然地理调查与测绘

1.地形

测量了枢纽临建区两岸各沟谷流域的形状、流域面积、主沟长度、沟床比降、流域高差、谷坡坡度、沟谷纵横剖面形状、水系结构和沟谷密度等地形要素；在遥感解释和现场调查的基础上，划分出了各泥石流沟的形成区、流通区及堆积区，并分别测量了典型沟道纵横剖面。横剖面测量对反映沟槽特征及冲淤变化具有重要意义，可据此分析、判断泥石流发生的部位及方式，也可分析泥石流沿程的流量变化过程。为了准确判断泥石流对水电站有关设施的危害方式及危害程度，收集了雅鲁藏布江河谷地带 1∶2000 地形图。

2.气象

主要收集了工程区周边各县、乡的降水和气温资料(共收集周边 7 个气象站气象统计资料)。降水资料主要包括多年平均降水量、降水年际变率、年内降水量分配、年降水日数、降水地区变异系数和最大降水强度，尤其是与暴发泥石流密切相关的暴雨日数及其出现频率、典型时段(24h、60min)的最大降水量及多年平均小时降水量。

表 1-1 研究区勘查工作完成的主要实物工作量统计表

序号	项目	单位	完成工程量
一	工程地质测绘		
1	1∶25 000 工程地质测绘(研究区)	km^2	329.2
2	1∶10 000 工程地质测绘(泥石流沟)	km^2	110.36
3	1∶1000 工程地质测绘(沟道、沟口、松散堆积区)	km^2	12.17
4	1∶1000 剖面工程地质测绘(沟道纵剖面)	km/条	41.02/10
5	1∶500 剖面工程地质测绘(沟道横剖面、松散物源)	km/条	3.26/7
6	地质灾害专项调查(泥石流沟、松散物源)	处	50
二	工程测量		
1	1∶1000 剖面测量	km/条	41.02/10
2	1∶500 剖面测量	km/条	3.26/7
3	勘探点位测量	组	4
三	遥感解译		
1	1∶10 000 遥感解译(研究区)	km^2	329.2
2	1∶2000 遥感解译(泥石流沟)	km^2/条	110.36/7
3	1∶1000 遥感解译(松散物源区、沟道、洪积扇)	km^2	12.17
四	物探解译		
1	1∶2000 断面高密度解译	km	16
2	1∶1000 断面高密度解译	km	5
3	1∶1000 断面瞬变解译(冰川)	km	5
五	工程地质勘探		
	探井	m/口	339.4/28
六	取样及试验		
1	取土样	件	8
2	现场颗分试验	组	70
3	含水率试验	组	8

表 1-2 研究区勘查剖面一览表

剖面编号	类型	长度/m	位置
1—1′	横剖面	270	1#(干登)冲沟沟口
2—2′	横剖面	520	1#(干登)冲沟中游
3—3′	横剖面	270	5#(朗佳1号)冲沟
4—4′	横剖面	270	6#(朗新1号)冲沟
5—5′	横剖面	270	7#(朗佳2号)冲沟
6—6′	横剖面	270	8#(朗新2号)冲沟
7—7′	横剖面	270	10#(朗新3号)冲沟
8—8′	横剖面	270	14#(朗且嘎)冲沟沟口
9—9′	横剖面	310	14#(朗且嘎)冲沟中游
10—10′	横剖面	540	沃卡河河口(渣场处)
A—A′	纵剖面	15 200	1#(干登)冲沟
B—B′	纵剖面	3775	5#(朗佳1号)冲沟
C—C′	纵剖面	1905	6#(朗新1号)冲沟
D—D′	纵剖面	4850	7#(朗佳2号)冲沟
E—E′	纵剖面	3315	8#(朗新2号)冲沟
F—F′	纵剖面	4475	10#(朗新3号)冲沟
G—G′	纵剖面	7575	14#(朗且嘎)冲沟

（二）地质调查与勘查

1. 地层岩性

查阅了区域地质图，现场调查流域内分布的地层及其岩性，尤其是易形成松散固体物质的第四纪地层和软质岩层的分布与性质。

2. 地质构造

查阅了区域构造图，现场调查流域内断层的展布与性质、断层破碎带的性质与宽度、褶曲的分布及岩层产状，统计各种结构面的方位与出现频度。

3. 新构造运动与地震

从区域地质构造及流域地貌方面分析新构造运动特性，从中国地震烈度区划图中查知地震基本烈度。

4. 不良地质体与松散固体物质

调查流域内不良地质体与松散固体物源的位置、储量和补给形式。冰碛物、滑坡、崩塌、风化破碎岩体及沟道两侧的坡积物、沟道堆积物等是泥石流形成的重要物源条件，通过工程地质测绘并结合遥感解译、物探、坑探等手段查明了松散物源的分布位置、面积和规模。

5. 泥石流沟口堆积扇

泥石流沟口堆积扇发育程度及特征是判断泥石流发育程度和作用强度的重要依据。它既是最容易遭受灾害的地方，也是经常致灾的部位。通过工程地质测绘查明了它的形态特征、粒度特征、规模以及与雅鲁藏布江(或主沟)的关系，对分析评估水电站工程遭受泥石流危害的可能性及危害程度十分重要。

6. 坑探

坑探的目的是查明有关滑坡、崩塌、冰碛物及沟道堆积物的厚度和范围，计算它们的体积。同时，在沟道和扇形地上进行坑探、取样分析，有助于揭示泥石流的沉积特征、发育历史和过程。本次调查在各冲沟工作坑探 339.4m(28 口)。

7. 粒度分析

在各冲沟不同区段，结合坑探取样分析粒度特征，以便分析各沟泥石流类型、重度及水流的冲刷搬运能力。本次调查完成了共计 70 组现场颗分试验。

8. 含水率试验

在 1#(干登)冲沟沟脑及中上游选取了典型的石冰川及冻土进行含水率试验，以便估算石冰川及冻土冻融可补给泥石流的水量，共计完成 8 组含水率试验。

(三)人类活动调查

(1)已调查了泥石流活动范围内人类生产、生活设施状况，特别是沟口、泥石流扇上居民点及与工农业相关的基础设施、泥石流沟槽挤占情况，以及本工程设施的布局、基础形式、开挖方式及程度。

(2)已调查了筑路弃土、工厂与矿业弃渣及其挡渣措施，以及本工程的弃渣位置、堆置高度、数量及其与沟道的相互关系。

(四)冰川和泥石流调查内容及方法

1. 冰川与冰川沉积

利用多期高分辨率遥感影像，测量了临建区各沟谷冰川与冰湖数量分布及其下游外围冰川沉积物分布特征、近期冰川和冰川沉积物的波动状态，以及冰湖水量的变化。

2.潜在冰川、雪融水泥石流

调查了冰川“U”形谷的地貌特征，沿沟分布的冰碛物与冰水沉积物的规模、特征及稳定性，冬春季雪崩、冰崩的规模和频度，冰雪融水的径流量及其时间分布，冰川和积雪的面积、雪线变化等。基于冰川学方法，计算了冰川融水量及其强度。

3.潜在冰湖溃决泥石流

调查了冰川舌的进退及可能发生的冰滑塌，冰湖的面积、水量与水深，终碛阻塞湖堤的空间形态和物质特征，冰湖下游的沟谷形态和冲沟径流，沿沟的冰碛物和冰水沉积物等，分析冰湖突发洪水的可能性及其诱发次生泥石流灾害的范围。

4.沉积物厚度

研究区发育冰湖16个，总面积0.4km^2；冰川5条，总面积0.609km^2。临建区左右岸冰碛物分布范围111km^2。根据冰川活动性分析需要，除上述已调查区域需填图外，对冰川和冰川沉积物开展剖面调查，获取冰川沉积厚度分布信息，估算石冰川和沉积物体积等。流域内分布的各类松散固体物质的稳定性关系到它们参与泥石流活动的可能性及规模大小，对各沟内的典型滑坡、崩塌、冰碛物及高陡岸坡实测了工程地质剖面，判断其稳定性，特别对那些严重挤压沟道、前缘高陡、直接遭受水流冲蚀的物质补点进行了重点勘查。

（五）泥石流活动性、险情、灾情勘查

1.泥石流特征调查

查阅历史资料结合现场访问，调查了暴发泥石流的时间、次数、持续过程、流体组成、石块大小、泥痕位置等特征。

2.泥石流引发因素勘查

调查了发生泥石流前的降水时长、降水量大小、冰（雪）崩、地震、崩塌、滑坡、冰湖溃决等引发因素。

3.泥石流堆积扇调查

调查了泥石流堆积扇的分布、形态、规模、扇面坡度、物质组成、植被、新老扇的组合及其与主河（主沟）的关系，堆积扇体的变化，扇上沟道排泄能力及沟道变迁，主河堵溃后上、下游的水毁灾害。

4.既有泥石流防治工程调查

调查了既有泥石流防治工程的类型、规模、结构、使用效果、损毁情况及损毁原因。

5.泥石流危害性勘查

(1)危害作用方式。调查了泥石流侵蚀(冲击、冲刷)的部位、方式、范围和强度，泥石流淤埋的部位、规模、范围和速率，泥石流淤堵的原因、部位、断流和溃决情况。

(2)危险区划定。确定了泥石流危险区的范围。

(3)灾害损失。预测泥石流今后可能造成的危害，估计受潜在泥石流威胁的对象、范围和程度，按预测的危险区评估其危害性。

上述调查研究工作作业内容明确、详细，作业方法正确、质量可靠，满足泥石流勘查要求；收集的资料齐全，野外记录清晰、完整，内容真实、全面；各种试验数据齐全、实用性强；分析性图件编图原则正确，图面清晰美观，较好地反映了泥石流形成的地质环境条件、活动特征及活动规律等，满足质量要求。

第二章

自然地理与地质环境概况

第一节 地理位置及社会经济状况

一、地理位置

巴玉水电站位于西藏自治区桑日县内，桑日县位于山南地区东部，北与墨竹工卡县、工布江达县接壤，西与乃东区毗邻，东和加查县相连，南邻曲松县，全县辖一镇（桑日镇）、三乡（增期乡、白堆乡、绒乡）。雅鲁藏布江干流中游曲水大桥—派镇规划河段推荐方案的第一级水电站坝址位于桑日县奴觉村南侧。

目前，青藏铁路由甘肃兰州经青海西宁、格尔木和西藏那曲通至拉萨，除青藏铁路外，拉萨—格尔木—西宁—兰州有G109国道相通，拉萨至那曲、昌都、甘孜、成都有G317国道相连，拉萨至林芝、康定、成都有G318国道相通，G318国道至芒康后与G214国道相连接，详见巴玉水电站对外交通示意图2-1。

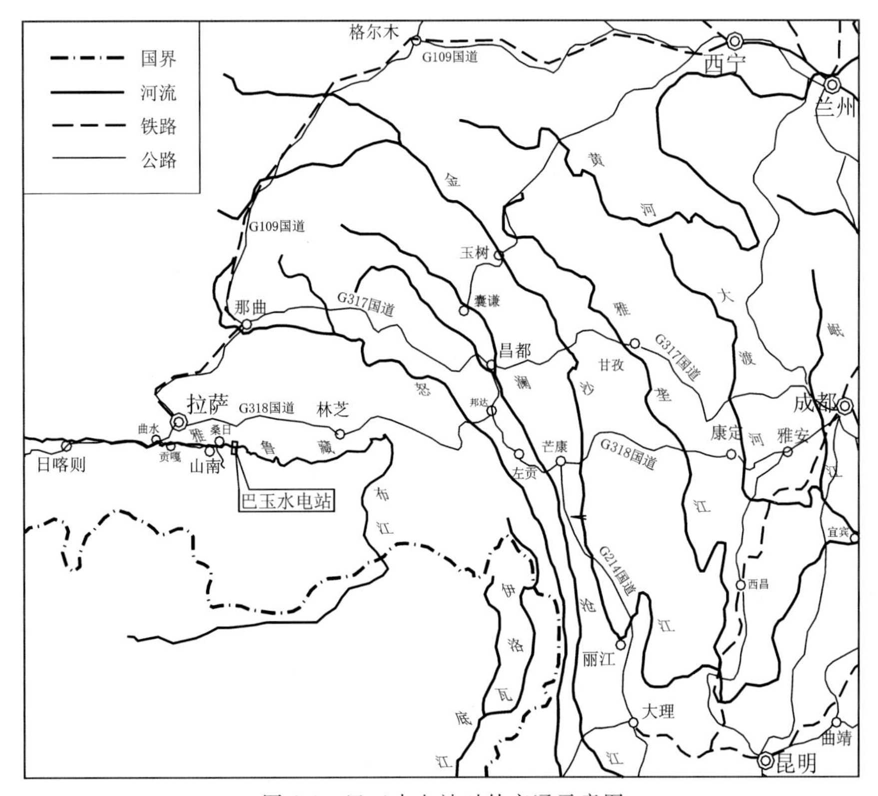

图2-1 巴玉水电站对外交通示意图

拟建工程区地处拉萨市东侧，由拉萨经贡嘎至山南地区的泽当镇有国道和省道相通，自泽当镇经桑日县、沃卡河口、沃卡村至坝址区左岸有公路相通，公路里程约115km，其中沃卡村至坝址左岸段为新建的乡村公路，公路通行条件较差。另外，由地方政府出资修建的桑日—加查的顺江旅游公路(S306)目前已完成主路。研究区在雅鲁藏布江对岸仅有一条索桥连通，仅可供人、畜通行，无车辆通行道路，交通条件差，详见巴玉水电站场内交通示意图2-2。

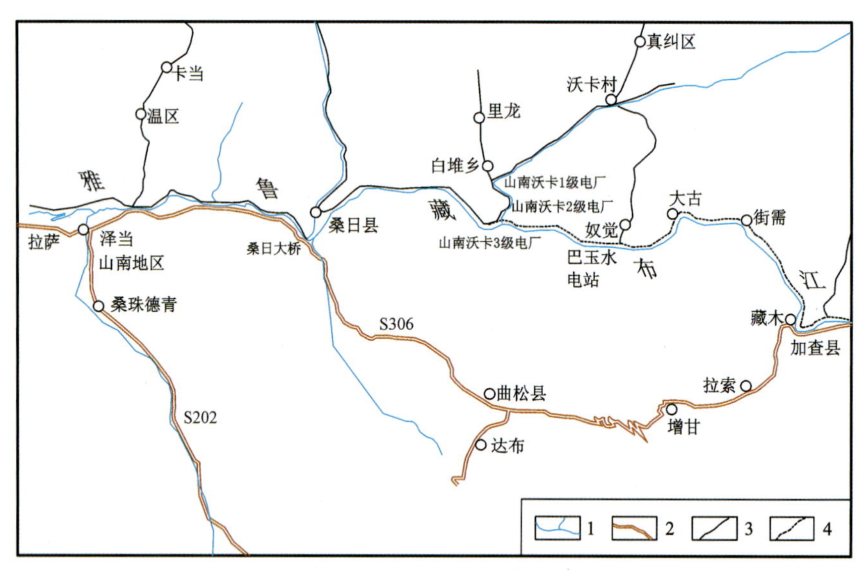

1. 河流；2. 省道(公路)；3. 乡村公路；4. 在建公路。

图2-2　巴玉水电站场内交通示意图

二、研究区范围

根据调查工作的技术要求划出了两块研究区，形成的研究区范围为$182km^2$：一是由坝址区内7条冲沟构成的区域(冲沟与坝体相对位置关系见表2-1)，面积约$132km^2$；二是为判断渣场和营地安全而划定的区域，圈定了河口地段约$50km^2$(图2-3、图2-4)。

表2-1　研究区内沃卡河、7条冲沟与各坝址的相对距离统计表

河、冲沟编号	坝址	位置关系	相对距离/m
沃卡河	上坝址	雅鲁藏布江左岸、上游	8960
	中坝址	雅鲁藏布江左岸、上游	11 880
	下坝址	雅鲁藏布江左岸、上游	13 260

续表 2-1

河、冲沟编号	坝址	位置关系	相对距离/m
1＃(干登)冲沟	上坝址	雅鲁藏布江左岸、下游	3620
	中坝址	雅鲁藏布江左岸、下游	700
	下坝址	雅鲁藏布江左岸、上游	680
5＃(朗佳1号)冲沟	上坝址	雅鲁藏布江左岸、下游	520
	中坝址	雅鲁藏布江左岸、上游	2400
	下坝址	雅鲁藏布江左岸、上游	3780
7＃(朗佳2号)冲沟	上坝址	雅鲁藏布江左岸、上游	2730
	中坝址	雅鲁藏布江左岸、上游	5650
	下坝址	雅鲁藏布江左岸、上游	7030
6＃(朗新1号)冲沟	上坝址	雅鲁藏布江右岸、下游	2620
	中坝址	雅鲁藏布江右岸、上游	300
	下坝址	雅鲁藏布江右岸、上游	1680
8＃(朗新2号)冲沟	上坝址	雅鲁藏布江右岸、下游	1890
	中坝址	雅鲁藏布江右岸、上游	1030
	下坝址	雅鲁藏布江右岸、上游	2410
10＃(朗新3号)冲沟	上坝址	雅鲁藏布江右岸、下游	1320
	中坝址	雅鲁藏布江右岸、上游	1600
	下坝址	雅鲁藏布江右岸、上游	2980
14＃(朗且嘎)冲沟	上坝址	雅鲁藏布江右岸、上游	280
	中坝址	雅鲁藏布江右岸、上游	3200
	下坝址	雅鲁藏布江右岸、上游	4580

注：下坝址位于中坝址下游1380m，上坝址位于中坝址上游2920m。

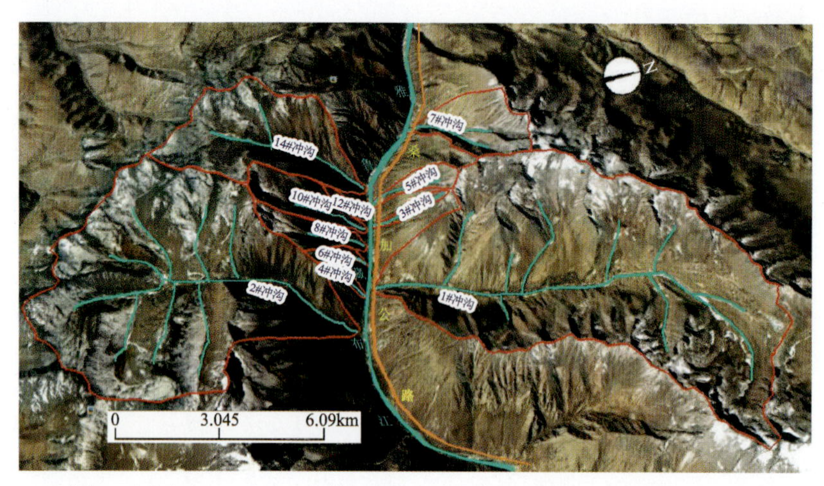

1＃冲沟—干登冲沟；5＃冲沟—朗佳1号冲沟；7＃冲沟—朗佳2号冲沟；6＃冲沟—朗新1号冲沟；8＃冲沟—朗新2号冲沟；10＃冲沟—朗新3号冲沟；14＃冲沟—朗且嘎冲沟

图 2-3　坝址区研究区范围

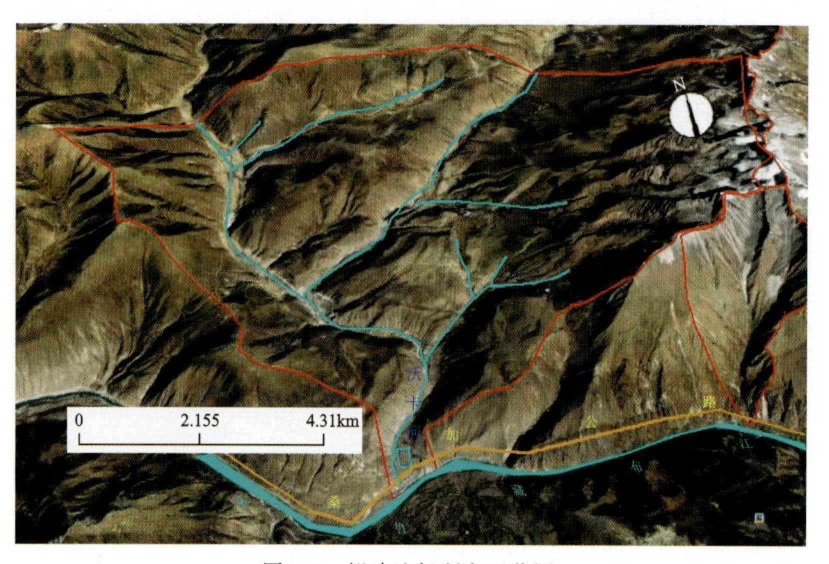

图 2-4　拟建渣场研究区范围

三、社会经济状况

桑日县为西藏自治区山南地区下属的一个县，藏语中意思是“铜山”，地处冈底斯山南麓，雅鲁藏布江中游河谷地带。桑日县距拉萨市 230km，地理位置优越，交通十分便利，总面积 2634km^2，总人口 1.7 万人。桑日县辖三乡一镇，其中藏族人口占县总人口的98.5%，耕地2.3×10^4亩（1亩≈$666.67m^2$），林地20×10^4亩，可利用草场30万亩，地势南低北高，平均海拔4000多米。年均降水量420mm，平均气温8℃，有“一日有四季，一山有四季，十里不同天”之说。特定的自然地理环境决定了桑日县是一个传统的“以农为主，农牧结合”的县，主要农作物有小麦、青稞、油菜、豌豆、蚕豆、土豆、萝卜等，牲畜有牦牛、黄牛、山羊、绵羊、驴、马等。从古至今桑日县都是西藏自治区重要的粮食基地和牧业基地。此外，该地还有大量的水晶、沙金、岩金等矿产，可供开发和利用。

桑日县被誉为西藏的能源基地，水资源拥有量$9.23\times10^8m^3$，贮藏量达10万kW，径流深度在240～500mm之间，呈南部小、北部大的分布规律。水能资源境内除雅鲁藏布江外，还拥有沃卡河、比把河、曲松河，且沃卡一级、二级、三级3座小型水电站在该县境内。

桑日县野生动物及中草药资源丰富，国家一级保护动物有白唇鹿、西藏马鹿、雪豹，国家二级保护动物有香獐、雪鸡、狗熊等，还有其他野生动物，如狼、狍、猴、山鸡、黄羊、野兔等。名贵药材有虫草、雪莲花、麝香、贝母、黄连、柴胡、红景天等。

此外，桑日县旅游资源丰富，县内的神山、圣湖、温泉、寺庙及古建筑遗址随处可见，著名的旅游风景区有西藏“四大神山”之一的沃德贡杰雪山（县内最高峰，海拔6300m）、历世达赖喇嘛沐浴的沃卡温泉、宗喀巴传教寺——曲龙寺、雅鲁藏布江瀑布、里龙高山植物风景区、丹萨梯寺等。研究区内既有光辉灿烂的民族文化、独特的风土人情，又有多姿多彩的迷人风景。

第二节　气象水文

一、气象

西藏山南地区属温带干旱性气候，南部边境地带属高原亚寒带半干旱气候。年均降水量不到450mL，雨季多集中在6—9月。该地区全年日照时间2600～3300h，年均气温最低6℃，最高8.8℃；最高气温31℃（加查），最低气温−37℃（错那）。年均风速3m/s，最大风速17m/s，风期主要集中在12月至次年3月。桑日县在气候区划上属于高原温带季风半湿润气候地区的雅鲁藏布江中游桑日-加查小区，因海拔高差大，气候垂直分异显著，从河谷往高山分别为河谷温暖半干旱气候、山地温和半干旱气候、山地温凉半湿润（半干旱）气候、高山寒凉湿润气候、高山寒冷半湿润气候。桑日县气候主要特点是气温偏低，四季不明显；太阳辐射强，日照时间长，白天地面受热剧烈增温，气温升高，夜间空气保温效应弱，气温迅速降低，造成气温日较差大、年较差小，有“一年无四季，一日见四季”之说；降水较少，多夜雨，干湿季分明，夏秋季多雨，冬春季干燥，多大风，蒸发强烈；立体气候显著，阴阳坡分异明显；灾害性天气频繁。据1961—1990年资料，桑日县不同地区多年平均气温－0.6～8.2℃。桑日县城(海拔3550m)多年平均气温8.2℃，极端最高气温39.7℃，极端最低气温－18.2℃。夏季高温多雨，降雨多集中在6—9月，占全年降水量的89%左右。据邻近的羊村水文站资料，县多年平均降水量403.3mm，夏季降水量292.6mm，占全年降水量的72.6%。其中7月最多，约为121.0mm，而冬季降水量仅为1.3mm，其中12月最少，仅0.3mm。该县多年平均日照时数2864h，日照率达64%，年蒸发量1 968.7mm，年均相对湿度43%。平均大风日数73.8d，平均大风速20m/s，年均风速3.5m/s。河谷地带年无霜期150～180d。冰雹一般一年发生3次，多的年份可达8次。受地貌影响，县域南北水热分布不均，雅鲁藏布江以北大部分地区为高原温带季风半湿润气候区，县域南部及河谷一带为高原温带季风半干旱气候区。

雅鲁藏布江河谷地带年平均气温8.2℃，7月平均气温15.4℃，极端最高气温29℃，1月平均气温－0.9℃，极端最低气温－17.6℃。无霜期150～180d。年均降水量429.1mm，干湿季分明，降水集中于6—9月，多夜雨，全年夜雨率达80%以上。冬春季干燥少雨，湿润系数小于0.08。年蒸发量1 968.7mm，是西藏蒸发量最大的地区之一，干旱严重。全年平均日照时数2 936.6h，日照率66%。受大气环境及地形的影响盛行东北风，全年大风日数73.8d，年均风速3.5m/s，其中冬春季处于西风急流控制之下，1—5月为“风季”。

北部山地草原气温低于河谷地区，年均气温5～8℃，最暖月(7月)平均气温13～15℃，最冷月(1月)平均气温－2℃。无霜期约60d。年均降水量约370mm，其中6—9月降水量约330mm。年均日照时数2770h。冬春寒冷多大风。

二、水文

西藏水资源丰富，是中国水域面积最大的省级行政区，地表水包括河流、湖泊、沼泽、冰川等多种存在形式，其中河流、湖泊是最重要的部分。西藏境内流域面积大于1×10^4km^{2}的河流有28条，大于2000km^{2}的河流多达100余条，是中国河流最多的省区之一。亚洲著名的长江、怒江(萨尔温江)、澜沧江(湄公河)、印度河、恒河、雅鲁藏布江（布拉马普特拉河）都发源或流经西藏。西藏湖泊众多，共有大小湖泊 1500 多个，总面积达 2.4×10^4 km²，居全国首位，其中面积超过 1km² 的有 816 个，超过 1000km² 的有 3 个，即纳木错、色林错和扎日南木错。西藏有冰川 11 468 条，冰川面积达 28 645km²，占全国冰川总面积的 49%。冰储量约 $25\ 330\times10^8$ m³，占全国冰储量的 45.32%，年融水量 310×10^8 m³，占全国融水量的 53.4%，均居全国之首。

山南地区江河稠密，全区最大的河流雅鲁藏布江中游地段在山南形成 302km 的宽广地带，最宽处达 7km，流经贡嘎、扎朗、桑日、加查、曲松、乃东、浪卡子 7 县区。全区共有大小河流 41 条，其中雅砻河、温曲河、沃卡河、增期河流域旅游资源集中。全区有大小湖泊数十个，其中以富有神奇色彩的圣湖拉姆拉错、素有“碧玉湖”之称的羊卓雍错湖和“草原明珠”哲古湖最为著名。

桑日县水系发达，河流众多，湖泊星罗棋布，冰川发育，组成了以雅鲁藏布江为干流的树枝状水系格局。域内河流均属外流的雅鲁藏布江水系，一级支流由南、北两座高山奔泻而下，汇集于横贯县境东西的雅鲁藏布江干流。雅鲁藏布江上源为杰马央宗曲，源头海拔 5590m，源于喜马拉雅山中段北坡的一系列冰川，由西向东，穿行西藏日喀则、拉萨、山南、林芝 4 个地市 23 个县，先后接纳拉喀藏布、年楚河、拉萨河、尼洋河等主要支流后，切过喜马拉雅山脉东端的珞瑜地区，向南流入印度的萨地亚，称布拉马普特拉河，流入孟加拉国后又改称贾木纳河。雅鲁藏布江河床高度大都在海拔 3000m 以上，是世界上海拔最高的“天河”。雅鲁藏布江流域东西狭长、南北窄短，东西最大长度约 1500km，而南北最大宽度只有 290km。

研究区内分布有常年性水系沃卡河、1#（干登）冲沟及 14#（朗且嘎）冲沟，属雅鲁藏布江一级支流，流水补给以降水为主，其次是融雪和地下水补给。在勘查期间，经实地测流，沃卡河沟道流量约 2.6m³/s，流速约 2.8m/s；干登冲沟沟道流量约 0.8m³/s，流速约 3.6m/s；朗且嘎冲沟沟道流量约 0.2m³/s，流速约 3.0m/s，但年内分配不均。降水集中在夏季，暴雨多发生在 6—9 月，在气候影响下，局地短历时暴雨频发，在区内小型冲沟地段往往形成洪水，并时常伴有泥石流发生。洪水过程尖瘦，陡涨陡落。其余沟谷为季节性沟谷，流量受降水及气候变化影响较大。

第三节　地形地貌

西藏素有“世界屋脊”和“地球第三极”之称，是世界上海拔最高的地方，地处青藏高原的西部和南部，占青藏高原面积的一半以上，海拔4000m以上地区的面积占自治区全区总面积的85.1%。全区地形可分为藏北高原、雅鲁藏布江流域、藏东峡谷地带三大区域，山脉大致可分为东西向和南北向两组，主要有喜马拉雅山脉、喀喇昆仑山-唐古拉山脉、昆仑山脉、冈底斯-念青唐古拉山脉和横断山脉，超过8000m的高峰有5座，其中，海拔8 848.86m的世界第一高峰珠穆朗玛峰就耸立在中尼边界上。西藏的平原主要分布在西起萨嘎、东至米林的雅鲁藏布江中游若干河段以及拉萨河、年楚河、尼洋河中下游河段和易贡藏布、朋曲、隆子河、森格藏布、朗钦藏布等中游河段。

研究区位于青藏高原中南部，高山地貌分布最广，高山的相对高度在1000m以上，角峰、刀脊、冰斗等地貌发育，一些海拔6000m左右的高峰周围发育了现代冰川。高山区内河流深切、谷地陡峻，纵比降大，谷地呈深切峡谷。海拔4500～5500m的高原中低山地寒冻风化作用强烈，形成侵蚀沟密布、基岩裸露、地形破碎的剥蚀高山地貌和山地宽谷地貌。此外，区内还散布一些海拔4000m左右的高山蚕蚀丘陵，山体由砂岩、板岩、页岩组成，侵蚀作用强烈，山脊线不明显。

河谷地貌大多分布于海拔4000m以下的江河沿线，大体分为宽谷、窄谷、峡谷3种形态。雅鲁藏布江在白堆乡藏嘎村以上地段的河谷为宽谷地貌，河谷宽1～2km，最宽处（羊村水文站附近）3km；河道偶有分叉，河谷边坡10°～30°，边滩、心滩较多，河床纵比降较小（图2-5）。雅鲁藏布江在白堆乡藏嘎村以下地段的河谷（加查峡谷）为峡谷地貌，河谷平均宽度100～200m，最窄处仅几十米；河床为单一河道，河床深切，谷坡重力作用活跃，山崩、泥石流多发（图2-6）。雅鲁藏布江的一级、二级支流河谷绝大多数为窄谷地貌，河谷平均宽度500m，最宽处出现在支流交汇的河口段，宽者可达1km。在河谷地貌区中有阶地、河漫滩、心滩、洪积扇和冲洪积台地等中小地貌单元。它的宏观地貌格局是辽阔的高原面、高耸的山脉、棋布的湖盆、众多的内外流水系等大的地貌单元在平面上的排列组合。根据调查，研究区内地貌类型主要有构造侵蚀高山地貌，侵蚀堆积河谷、沟谷地貌，冰蚀冰碛地貌（夷平面改造、冰斗、冰川、冰湖、角峰等）。

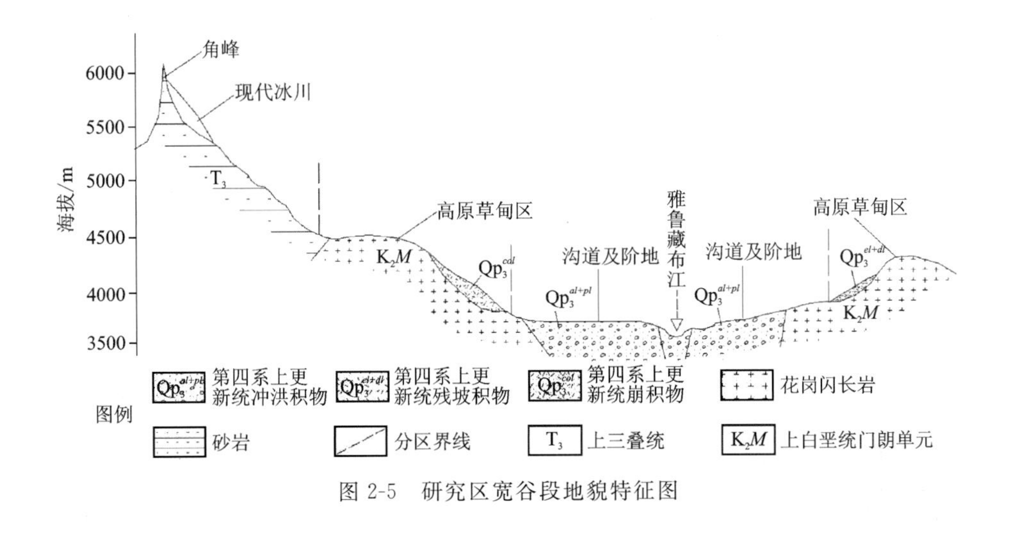

图 2-5 研究区宽谷段地貌特征图

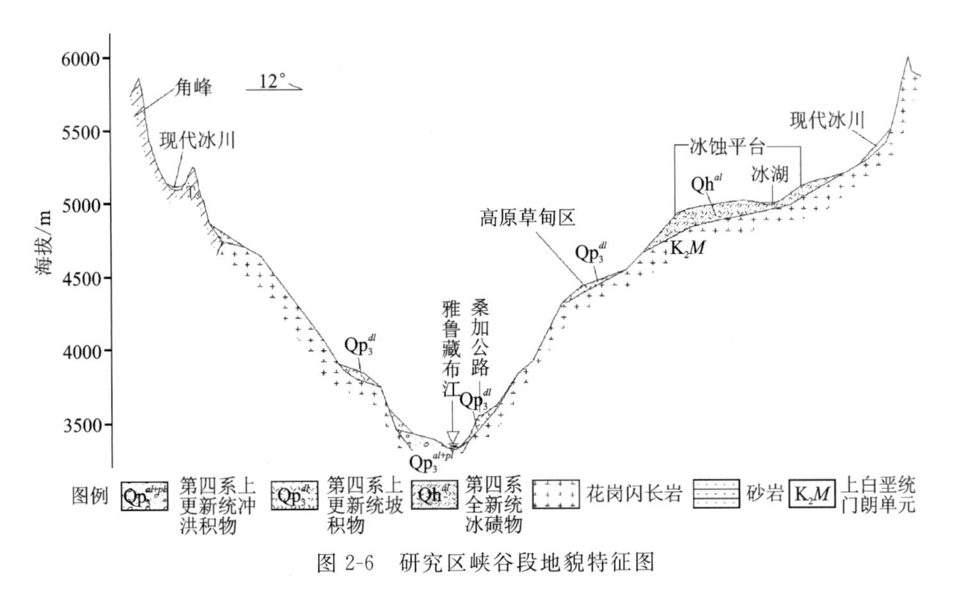

图 2-6 研究区峡谷段地貌特征图

一、构造侵蚀高山地貌

研究区内雅鲁藏布江自西向东横穿而过，两侧山体呈东西向展布，高山地貌沿雅鲁藏布江南、北两侧分布，其范围为雅鲁藏布江两侧沟道以外的山地至沟脑冰蚀夷平面前缘。区内高山地貌(图 2-7)最高点位于 1＃(干登)冲沟奴觉村上部山体顶端，海拔 5992m，最低点位于 1＃(干登)冲沟与雅鲁藏布江交汇处，海拔 3460m，相对高差 2532m，山体总体走势自东而西向下游倾斜，且南侧山体略高于北侧山体。根据地形平缓陡急特征,研究区主要分为3个区段(图2-8～图2-10):①雅鲁藏布江两侧山体在沃卡河至7#(朗佳2号)冲沟沟口区段,较平缓,左侧山体坡度30°～45°,山顶浑圆,右侧山体下部坡度35°～40°,上部坡度40°～65°,山顶尖陡,峰脊林立。②7#(朗佳2号)冲沟下游区段进入雅鲁藏布江峡谷段,两侧山体地势陡立,起伏强烈,左侧坡度大都大于45°,山体上部可达70°,局部坡脚残坡积物坡度为30°。右侧坡体较左侧坡体坡度大,坡度大于50°,部分地段近直立。③沃卡河河口至沃卡河下游段,两侧山体坡度平缓,坡度25°～35°,山顶浑圆。

图2-7　高山地貌

图2-8　沃卡河—7#(朗佳2号)冲沟段地貌

图2-9　7#(朗佳2号)冲沟—雅鲁藏布江下游地貌

图2-10　沃卡河—河道下游地貌

二、侵蚀堆积河谷、沟谷地貌

因长期性和暂时性水流搬运山区及高地的风化碎屑物,在松散及沟道较陡地段侵蚀、在坚硬及平缓地段沉积形成的河谷、沟谷地貌,主要位于雅鲁藏布江河谷及阶地、沃卡河河谷及研究区内小型冲沟沟谷一带。根据河道大小,研究区可划分为河谷地貌和沟谷地貌;根据侵蚀堆积作用等,研究区可划分为侵蚀-切割区、侵蚀-堆积区和洪积扇3个地貌单元。

雅鲁藏布江河谷地貌(图 2-11)主要有宽谷段和峡谷段两段，沃卡河口—7＃(朗佳 2 号)冲沟沟口峡谷段长约 6.4km，河谷宽 200～800m。江面海拔从 3539m 降至 3534m，落差为 5m，纵比降约为 0.8‰。在沃卡河河道内可见雅鲁藏布江的阶地发育，Ⅰ、Ⅱ级阶地分别高出河水面 15～20m、60～70m，Ⅲ、Ⅳ级阶地分别高出河水面 130～150m、200～220m。7＃(朗佳 2 号)冲沟沟口—雅鲁藏布江下游段长约 7.85km，河谷显著变窄，宽 80～150m。江面海拔从 3534m 降至 3448m，落差为 86m，纵比降约为 4.4‰，因河谷狭窄、比降大，冲刷侵蚀强烈，未见阶地发育。

沃卡河河谷地貌(图 2-12)调查区长约10.4km，河谷宽 250～550m。江面海拔从 3787m 降至 3534m，落差为 253m，纵比降约为 24.3‰，在沃卡河内两大冲沟交汇处可见沃卡河Ⅰ级阶地，高出水面 5～10m。

沟谷地貌(图 2-13)主要发育在雅鲁藏布江及沃卡河两侧冲沟内，沟道比降受原山体影响较大，在基岩山区坡度相对较陡，松散堆积区坡度相对平缓。侵蚀-切割区主要位于沟道上游及基岩区，侵蚀-堆积区位于沟口及平缓区，洪积扇在大型冲沟沟口可见(图 2-14)，大部分受雅鲁藏布江水流冲刷已不完整或被完全冲走。侵蚀-切割区、侵蚀-堆积区分布在沟道内，洪积扇分布在沟谷出山口或坡麓一带，由亚砂土和砂砾石组成，一般在冲沟沟口处宽度较大，扇翼顶部相对较窄，宽处一般为 20～50m。

图 2-11　雅鲁藏布江河谷地貌

图 2-12　沃卡河河谷地貌

图 2-13　沟谷地貌

图 2-14　洪积扇地貌

三、冰蚀冰碛地貌

研究区发育有夷平面，即原山原面，海拔5300～5400m，于上新世形成，主要在1#（干登）冲沟及14#（朗且嘎）冲沟源可见，表现为齐平的山顶面、山脊线、平垣状，后期受冰川作用改造影响形成现冰川地貌，主要有冰碛物、冰湖、冰斗、冰川、岩屑坡、角峰等（图2-15～图2-20）。堆积地貌以终碛为主，少量侧碛，分布在"U"形谷底地形相对较低的部位，常被流水破坏而残存成小丘状，分布在山体坡脚与终碛相对立的是"U"形槽谷及悬槽谷。冰蚀地貌与冰碛物紧密相连，冰蚀谷上方出现的冰斗大多以冰湖泊形式出现，1#（干登）冲沟内较大的冰湖有5处，最大的冰湖宽200m，长500m，最深约15m，部分山体经冰雪拔蚀成岩屑坡，受气温升高影响，冰雪消融失稳向下缓缓滑移形成坡面型融冻泥石流，形态为锥状堆积体，向坡脚推移，调查期间融冻痕迹明显。在冰斗上方顶部山体角峰林立，坡度大多大于60°，部分近直立，高差可达100m。区内海拔5500m以上终年冰雪覆盖。海拔在5000～5500m之间的地段，积雪一般随季节变化，时存时融。

图2-15　冰湖

图2-16　冰蚀平台

图2-17　岩屑坡

图2-18　冰斗

图 2-19 融冻泥石流

图 2-20 角峰

第四节 地层岩性与岩土体类型

一、地层岩性

西藏地区曾是横贯欧亚大陆南部特提斯海的一部分。约在晚二叠世，特提斯海向南逐渐退缩，始新世晚期，特提斯海全部从西藏地区撤出，第一期喜马拉雅造陆运动完成。喜马拉雅运动第三期发生了规模宏大的以断裂活动为主的地壳运动，形成一系列的褶皱断块山地、断陷盆地和断裂谷地，西藏地区分阶段、大幅度整体上升，形成“世界屋脊”。

受地质构造影响，以雅鲁藏布江为界，以北为冈底斯-念青唐古拉地层区的拉萨-波密分区，大面积出露燕山晚期花岗岩等中酸性侵入岩；以南属于喜马拉雅地层区的特提斯喜马拉雅北部地槽型沉积带，主要出露中生代地层的火山岩、放射虫硅质岩及混杂岩。在雅鲁藏布江深断裂带南、北两岸断续分布有古近纪和新近纪陆相麦拉石砾岩。自治区内由北向南地层岩性依次为石炭纪—二叠纪石英砂岩、含砾砂板岩、板岩，燕山晚期花岗岩、古近纪和新近纪麦拉石砾岩、蛇绿岩和类复理石。

研究区位于雅鲁藏布江中游河段，在地层区划上属滇藏地层大区。根据板块构造与沉积建造，结合地层序列、岩石组合、古生物群、沉积特征、地球化学特征、岩浆活动及变质变形等差异，以雅鲁藏布江缝合带为界划分为 3 个地层区，由北向南依次为冈底斯地层区、雅鲁藏布江地层区和喜马拉雅地层区。研究区主要处于冈底斯地层区（Ⅰ）及雅鲁藏布江地层区（Ⅱ），见图 2-21，图 2-22 为沃卡盆地地质-地形横剖面图。

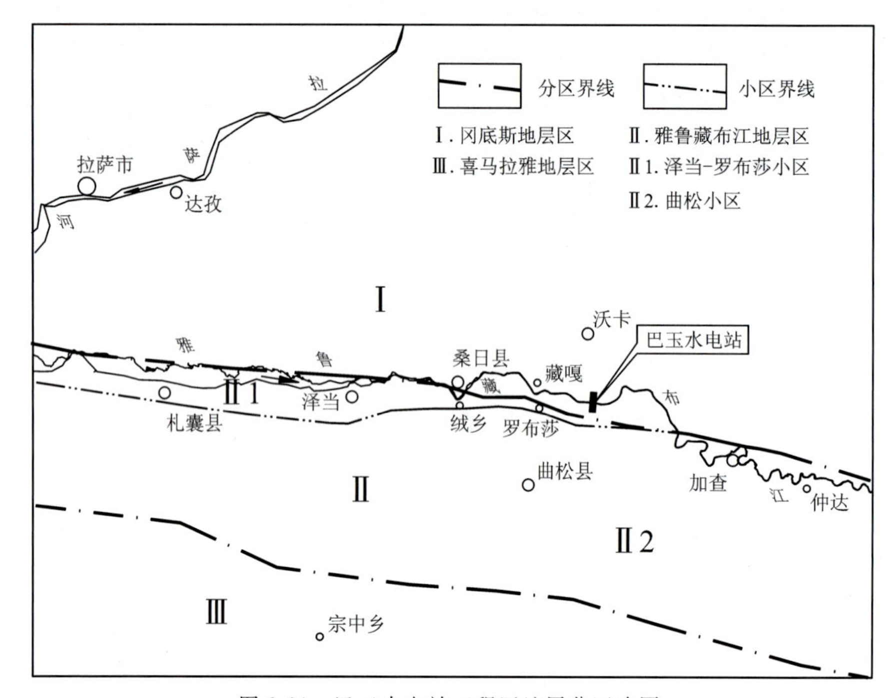

图 2-21　巴玉水电站工程区地层分区略图

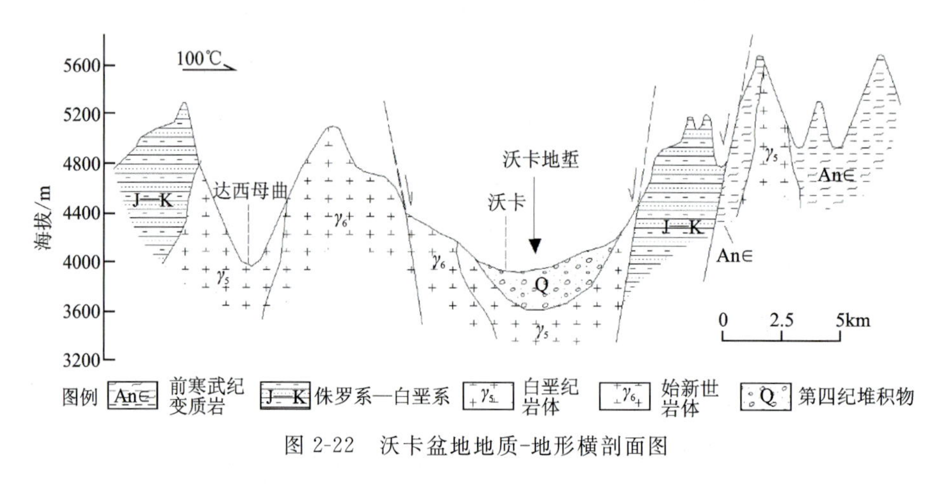

图 2-22　沃卡盆地地质-地形横剖面图

库区出露地层为中生代三叠系—新生代第四系，地层由老到新叙述如下。

1. 三叠系(T)

上三叠统(T_3)主要分布于研究区 2＃冲沟沟脑山体部位(达吉翁-彭错林-朗县断裂 F_{11})南侧，呈东西向展布。

姐德秀组(T_3j):上部以泥岩为主,夹砂岩、粉砂岩;下部泥岩、粉砂岩、砂岩不等厚互层。厚大于1598m。为深灰色碳质绢云千枚岩夹长石石英杂砂岩、粉砂岩,偶夹大理岩透镜体。

2. 白垩系(K)

门朗单元(K_2M):在研究区内大范围分布,但主要分布在雅鲁藏布江河道两岸,为中—细粒角闪黑云石英二长闪长岩,多夹变质砂岩捕虏体。

3. 白垩系(K)至古近系(E)

罗布莎群(K_1EL):分布于雅鲁藏布江南侧2#冲沟沟脑山体部位(达吉翁-彭错林-朗县断裂F_{11})北侧,呈东西向展布,为杂色复成分砾岩、砂砾岩、粉砂岩。

罗布莎蛇绿岩群($\varphi\beta$):主要分布在罗布与雅鲁藏布江南侧2#冲沟沟脑一带(雅鲁藏布江断裂带),呈东西向展布,变形橄榄岩构成罗布莎蛇绿岩群的主体,位于蛇绿岩群底部,宽0.5～2.0km。主要由斜辉辉橄岩、纯橄岩和二辉橄榄岩组成。

4. 古近系

古近系(E)分布于沃卡河河流两岸。

知给岗单元(E_2Z):中细粒角闪黑云英云闪长岩。

畜牧单元(E_2X):中—细粒少斑黑云花岗闪长岩。

白堆单元(E_2B):中粒斑状角闪黑云二长花岗岩。

溶母棍巴单元(E_2R):中粒角闪黑云二长花岗岩。

5. 第四系(Q)

冲积层(Qp_3^{al}):分布于雅鲁藏布江河道两岸,为灰色、浅灰色砂砾石层和细砂层。

冰碛层(Qp^{gl}):区内零星分布,主要分布于冰碛洼地及坡体区,为冰碛块石、碎石堆积。

洪积层(Qh^{pl}):区内零星分布,主要分布于冲沟沟口,为浅灰色砂砾层。

崩坡积层(Qh^{col+dl}):主要分布于河谷两岸的缓坡地带及沿河两岸陡坡脚,物质成分以碎石、块石、砂质黏土为主,厚5～50m。

冲积层(Qh^{al}):主要分布于河床、沟道及两岸阶地上,为砂卵砾石层,厚一般30～60m。

二、岩土体工程地质特征

1. 岩体工程地质特征

根据区域地质资料分析结果，结合本次调查，研究区岩体主要为安山质角砾角闪黑云石英二长闪长岩，岩体坚硬，较完整，微风化，裂隙呈块状，工程地质性质为较硬岩类，相对密度2.6～3.1，天然密度2.52～2.96g/m^3，孔隙率0.25，抗压强度120～200MPa，泊松比0.25～0.1，内摩擦角75°～87°，摩擦系数0.6，黏聚力约5kPa。岩体力学强度较高，工程地质性能良好，但受构造运动影响，构造裂隙发育。

2. 土体工程地质特征

研究区土体按成因主要分为残坡积碎石土、冲洪积碎石土、冰碛碎石土，分布于研究区沟道内及坡脚地段，主要由重力堆积、流水堆积等形成。上部松散、中下部中密实，岩土工程性质差。岩性为强风化花岗闪长岩，颜色为杂色，松散，多呈棱角状，堆积混杂无分选。土体中充填物为粉质黏土，工程地质性性差。重力堆积作用形成的土体粒径一般2～8cm，粒度成分块石占5%、角砾占55%、粉质黏土占40%。流水堆积作用形成的块石含量5%～20%，粒径一般200～400mm，最大可达6.0m，呈次棱角状；碎石含量10%～15%，角砾含量45%～55%，呈棱角—次棱角状，分选性差，成分为花岗闪长岩；粉质黏土占30%～35%。冰碛碎石土由现代冰碛及其外侧的终碛、侧碛组成，砾石分选性差，磨圆度差。

第五节　地质构造与新构造运动

一、地质构造

库区位于念青唐古拉山断隆南侧边缘，靠近喜马拉雅地块与拉萨地块之间雅鲁藏布江缝合带，主要构造形迹有沃卡电站-加查脆韧性断裂(F_{22})、沃卡地堑控盆断裂(F_{20})、达吉翁-彭错林-朗县断裂(F_{11})。

1. 沃卡电站-加查脆韧性断裂(F_{22})

该断裂发育于雅鲁藏布江断裂北侧，产状约NW70°、NE∠30°～40°，脆性变形明显，破碎带宽 100～300m，充填碎裂岩、片麻岩。断裂于沃卡河口下游斜切雅鲁藏布江，沃卡河以上主要沿雅鲁藏布江左岸展布，沃卡河以下主要沿雅鲁藏布江右岸延伸，至下游藏木一带又斜切雅鲁藏布江。

2. 沃卡地堑控盆断裂（F_{20}）

该断裂呈近南北向展布于库区中部，由东、西两支断裂构成，即沃卡盆地西缘断裂（$F_{20\text{-}1}$）、沃卡盆地东缘断裂（$F_{20\text{-}2}$）。

（1）沃卡盆地西缘断裂（$F_{20\text{-}1}$）：沿沃卡盆地西缘展布，断层产状约为 NE40°、NW∠50°～65°，沿断面形成西高东低缓的阶梯地形，线性影像清楚，断层于沃卡电站上游横切雅鲁藏布江。

（2）沃卡盆地东缘断裂（$F_{20\text{-}2}$）：沿沃卡盆地东侧展布，断层产状近南北向，倾向西，倾角约 70°，断层两侧地形反差极大，沿线多错断山脊，局部错断第四纪堆积物，为全新世活动断裂，断层泉发育，断层于沃卡电站下游横切雅鲁藏布江。

3. 达吉翁-彭错林-朗县断裂（F_{11}）

该断裂即雅鲁藏布江北支主断裂（雅鲁藏布江板块结合带），呈近东西向展布于库区右岸，断裂西起桑日县吉绒乡，经罗布莎后向东延伸出库区。断面总体倾向南，倾角一般为 30°～60°，断层带宽 3～4km，主要由混杂岩、蛇绿岩构成。

二、新构造运动与地震

青藏高原为新特提斯构造域中巨大的碰撞加积体，是全球最高、最大和最年轻的高原，是新构造运动、地震、地热活动和新生代岩浆作用最强烈的地区。45Ma B. P. 左右，沿雅鲁藏布江一线，印度次大陆和欧亚大陆碰撞、推挤，进入青藏高原的演化时期。据研究，青藏高原演化可划分为 α、β、γ、δ 四个构造期（马宗晋等，1999），α 期（45～35Ma B. P. 期间）以南北向挤压、缩短和向北推移为主；β 期（35～5. 3Ma B. P. 期间）为青藏高原缓慢隆升阶段，所达海拔高度不超过 1500m；γ 期（5. 3～3. 0Ma B. P. 以后）是青藏高原快速隆升时期；δ 期以东西向伸展变形为主，表现为通过近东西向断裂的走滑位移、沿南北向断裂的拉张断陷、沿北东向和北西向共轭剪切带的位移转换以及沿北东向断裂的挤压或拉张剪切等实现地壳物质的向东挤出。δ 期在喜马拉雅地区可能开始较早，但自 3Ma B. P. 以后才遍及整个青藏高原，第四纪（2. 48Ma B. P. ）逐渐达到高峰成为占主导地位的变形运动形式。

巴玉水电站工程场地总体处于近东西向雅鲁藏布江断裂带与近南北向桑日-错

那断裂带交会处的北东。雅鲁藏布江断裂带除达吉翁-彭错林-朗县断裂的东段为晚更新世活动外，其他段落均未发现晚更新世以来活动现象。桑日-错那断裂带属全新世活动断裂。巴玉水电站工程场地处在喜马拉雅重力高异常带的北缘梯度带部位，也是地壳厚度陡变带部位。因此，总的来看，工程所在区域具有发生 7.5 级潜在强震的地质构造、地球物理场和深部构造条件。其中，嘉黎断裂带、纳木错东南岸断裂、九子拉-藏比断裂、当雄断裂带和近南北向的曲松-错那断裂带等属于全新世活动断裂，历史上发生多次 7～8 级大震，具有发生 7.5 级以上地震的构造条件，见图 2-23。

地震作为新构造运动的一种表现形式，使地表岩体松动，为泥石流暴发提供大量的物源，是导致泥石流暴发的因素之一。巴玉水电站工程场地 50 年超越概率 10％场地基岩地震动峰值加速度值为 0.175g，相应地震基本烈度为Ⅷ度，区域构造稳定性较差。

第六节　水文地质条件

研究区处于雅鲁藏布江及其支流流域，自然地貌条件从总体上控制着地下水的赋存和径流，山坡汇集的地表水沿坡面汇入沟道内并沿沟道向沟口地带流动，最终汇入雅鲁藏布江。山坡完整基岩面和沟谷内下伏基岩构成含水体系的隔水底板，山坡表层基岩风化破碎带和松散坡积物构成区内含水地层。库区主要出露有岩浆岩类和少量沉积岩类及第四纪松散堆积体，各岩组依其透水性相应分为中等透水层、隔水层(或相对隔水层)，库区岩体为隔水层(或相对隔水层)。根据赋存条件和水动力特征，地下水可分为两种类型，即基岩裂隙水和松散岩类孔隙水。

一、基岩裂隙水

基岩裂隙水主要埋藏于风化带岩体裂隙或断层带中，在地表以下降泉的形式出露，受冰雪融水及大气降水补给，排泄于就近沟谷、河流。雅鲁藏布江为区内地下水排泄基准面。

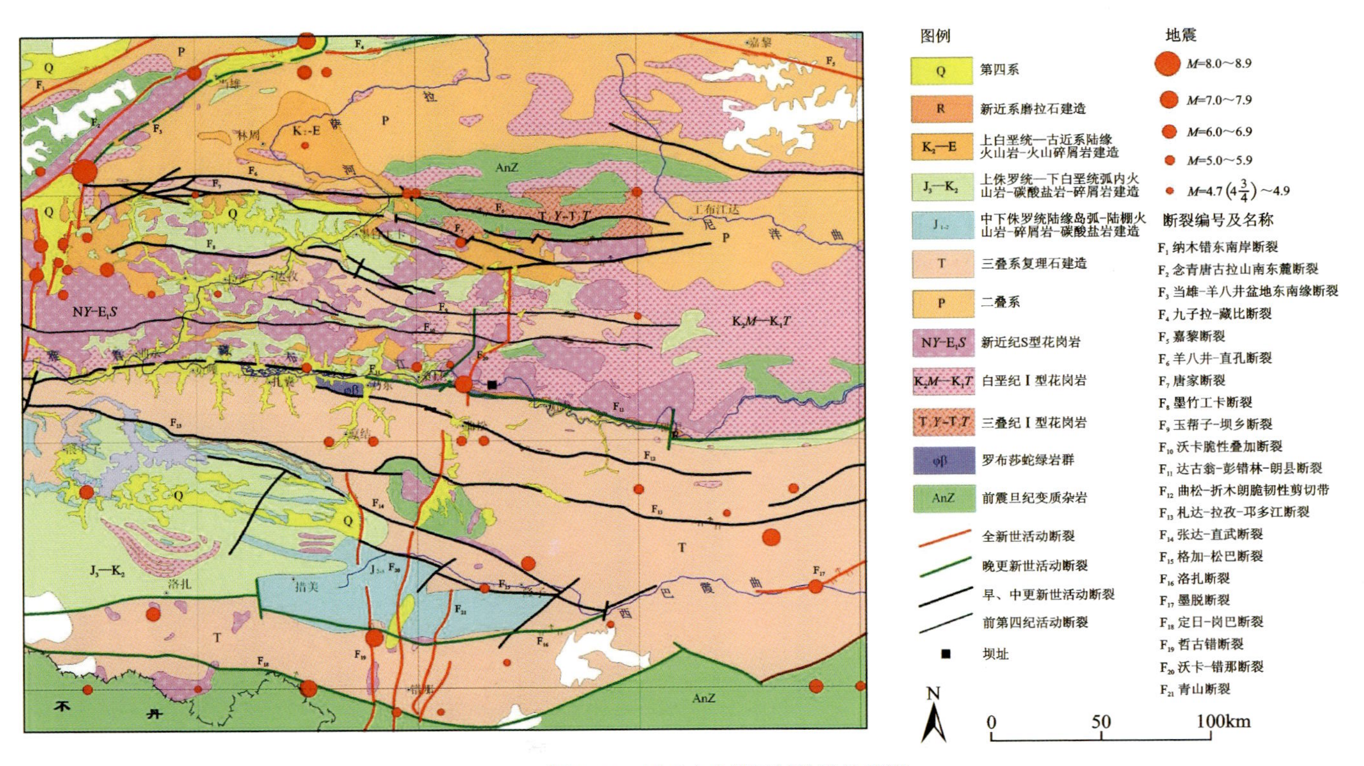

图 2-23　巴玉水电站区域构造地震图

二、松散岩类孔隙水

松散岩类孔隙水主要埋藏于漫滩、阶地等松散堆积层中，受大气降水和地表径流补给，随季节性变幅大，就近排泄于沟谷或入渗补给下伏基岩裂隙中，最终沿基岩裂隙面排泄入河流。

另外，沃卡河下游右岸岸坡上沿沃卡地堑控盆断裂东侧断层($F_{20\text{-}2}$)发育断层泉，泉水为温泉，流量为0.5～1L/s，温度35℃。

第七节　土壤与植被

一、土壤

研究区内土壤呈垂直分布，海拔4500m以上为高山草甸土，4200～4600m为亚高山草甸土，4000～4200m为亚高山草原土，4000m以下为山地灌丛草原土和草甸土(图2-24)。高山草甸土表层冻融频繁，草坡层由于下伏土壤自然断裂，为滑坡、泥石流等地质灾害提供大量物质来源。

二、植被

研究区流域内植被稀疏，有低矮的本科植物，多为草原、草甸类型，主要分布有狼牙刺、沙草等，覆盖率低，部分山体及沟道内可见零星分布的乔木群(图2-25)。

图2-24　草甸土

图2-25　乔木

第八节　人类工程活动

研究区内山大沟深，人口稀少，高山深处几乎无人问津，人类工程活动以小水电站、公路、小水库、村落及旅游风景区建设为主，且主要集中在沃卡河、1#（干登）冲沟及雅鲁藏布江左岸。人类工程活动主要有道路修建（图2-26）、水库建设（图2-27）及在1#（干登）冲沟沟口开发旅游风景区。

图2-26　新建道路

图2-27　水库建设

一、公路建设

近年来，随着西藏旅游业的发展，原有羊肠小道及简单道路通行极不方便，研究区正在新建一条桑日—加查旅游公路，开挖坡脚严重，开挖的松散物沿江岸堆积，破坏了原有残坡积体的平衡，已形成的极不稳定的松散体对拟建水库有不利影响，但该部分松散物源位于研究区泥石流沟道之外，对研究区泥石流无影响。

二、水库建设

研究区1#（干登）冲沟中下游平缓地段为奴觉村，为了生产生活需要，在冲沟沟道内修建了一座小型水库，库高2～3m，水库处沟道宽约180m，库容约$1.5\times10^4 m^3$。该水库在1#（干登）冲沟暴发泥石流的情况下对其具有一定的拦蓄抑制作用，可以保护下游奴觉村居民及新建坝址，但因水库比较单薄，库容过小，在暴发大规模泥石流时发挥的作用极小。

三、旅游建设

研究区1#(干登)冲沟沟口段至奴觉村区域正被开发为旅游风景区(图2-28),已修建了简单的人行天梯及景区装饰,泥石流暴发将威胁这类已建设施。

另外,对拟建项目区有影响的人类工程活动为小型水电站建设、村落建设等。沃卡河河道内建设了多级小型水电站,小型水电站起到一定的拦蓄作用,同时遏制了泥石流暴发时对下游的威胁。1#(干登)冲沟沟内及沟口平缓地带有村落分布,村落建设在沟道内或沟口洪积扇上,可能会遭受泥石流的威胁。

图2-28　1#(干登)冲沟沟口段规划的旅游风景区

第三章

冰川、冰湖及冰川-冰缘地貌调查

第一节　地貌类型与遥感调查方法

一、技术方法及数据源

遥感调查工作在充分收集已有资料的基础上，通过数据处理、信息提取与实地调查相结合的技术方法完成。此次调查工作充分利用遥感资料制作信息丰富、层次分明、真实美观的影像图，并注重地质灾害、工程地质岩组、地质构造背景、隐伏断裂(包括活动性断裂)等的信息提取研究，技术流程见图 3-1。

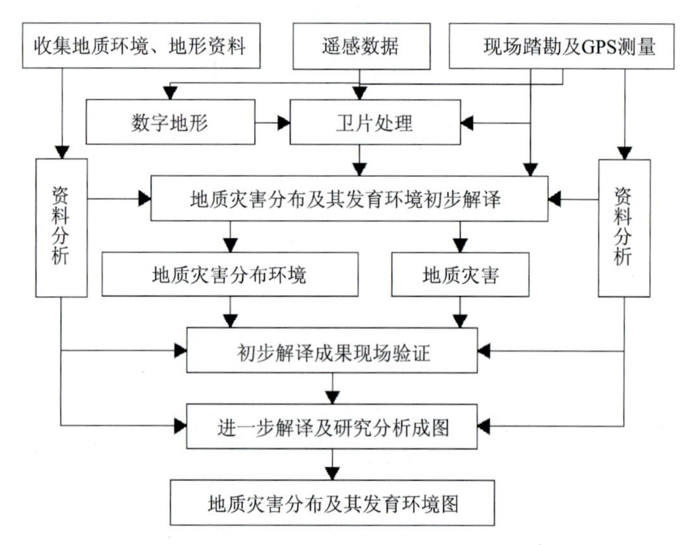

图 3-1　遥感调查工作技术流程图

遥感解译方法根据解译目标的特点，综合使用直判法、对比法、邻比延伸法、证据汇聚法、逻辑推理法、水系分析法、影纹分类法和综合景观分析法等多种方法，必要时采用计算机数字图像处理、遥感资料与其他地质资料综合处理等定量和半定量的综合分析方法。

1. 人机交互式解译

解译人员利用计算机直接在计算机显示器上进行遥感图像判释，或在计算机显示器上放大边界不清楚的地质体，或采用其他的波段组合图像、单波段图像、比值图像解译，必要时进行局部的图像处理(光谱增强、空间增强或数值运算增强等处理)，并将解译成果叠加在相应的图层上。由于遥感图像在计算机显示器上显示的信息和信息层次较遥感图片中相应的信息和信息层次丰富，所以人机交互式解译效果较目视解译好，可以提高遥感解译的质量和精度。另外，因为是在计算机上直接成图，减少了编图、成图程序。

2. 目视解译

目视解译是以图像识别和图像量测为基础，通过演绎和归纳，从影像中提取目标的信息。常用的目视解译方法有直接判读法、对比分析法、信息复合法、综合推理法和地理相关分析法等。

本次调查遥感解译以人机交互式解译为主，以目视解译为辅，解译工作主要在计算机上完成，使用软件包括 ArcGIS、Envi、Erdas 及 AutoCAD 等。

二、数据预处理

本次调查遥感解译工作采用 3 类遥感数据进行。一是利用最新 Landsat-8 OLI 卫星遥感数据(该数据的主要参数见表 3-1)，主要用于区域环境地质背景条件调查、植被信息提取等研究；二是航空遥感数据，主要构成包括影像、图廓信息及县乡地名等地理信息；三是卫星数据，包括 QuickBird 数据及 Pléiades 数据，主要用于地质灾害体的调查。

表 3-1 Landsat-8 OLI 卫星遥感数据主要参数

波长/μm	轨道高度/km	分辨率/m	覆盖范围/(km×km)
0.433～0.453(蓝色 1)	705	30	185×185
0.45～0.52(蓝色)	705	30	185×185
0.52～0.60(绿色)	705	30	185×185
0.63～0.69(红色)	705	30	185×185
0.76～0.90(近红外)	705	30	185×185
1.55～1.75(短波红外)	705	30	185×185
10.4～12.5(热红外)	705	60	185×185
2.08～2.35(短波红外)	705	30	185×185
0.50～0.90(全色)	705	15	185×185
1.36～1.39	705	30	185×185

Landsat-8 OLI 数据来源于美国地质勘探局(USGS)，Landsat-8 OLI 波段设计(表 3-2)主要结合不同地物波谱特征，以便选择合适的波段进行地质环境背景条件解译。

表 3-2 Landsat-8 OLI 波段设计

波长/μm	分辨率/m	主要作用
0.433～0.453	30	主要用于海岸带观测
0.450～0.515	30	用于水体穿透，分辨土壤、植被
0.525～0.600	30	分辨植被
0.630～0.680	30	处于叶绿素吸收区域，用于观测道路、裸露土壤、植被种类效果很好
0.845～0.885	30	用于估算生物数量，尽管这个波段可以从植被中区分出水体，分辨潮湿土壤，但是对于道路辨认效果不如 TM3(航空遥感数据)
1.560～1.660	30	感应发出热辐射的目标
2.100～2.300	30	对于岩石、矿物的分辨很有用，也可用于辨识植被覆盖和湿润土壤
0.500～0.680	15	得到的是黑白图像，分辨率为 15m，用于增强分辨率，提供分辨能力
1.360～1.390	30	具有水汽强吸收特征，可用于云检测

QuickBird 卫星于 2008 年 5 月由美国 DigitalGlobe 公司发射，是目前世界上为数不多的能提供亚米级分辨率的商业卫星，具有最高的地理定位精度，海量星上存储，单景影像比其他的商业高分辨率卫星高出 2～10 倍，而且 QuickBird 卫星系统每年能采集 $7500\times10^4 km^2$ 的卫星影像数据，存档数据每天以史无前例的速度递增。在中国境内每天至少有 2～3 个过境轨道，有存档数据约 $500\times10^4 km^2$。QuickBird 遥感影像数据参数见表 3-3。

表 3-3 QuickBird 遥感影像数据参数

波长/μm	轨道高度/km	分辨率/m	覆盖范围/(km×km)
0.45～0.52(蓝色)	450～600	2.44	16.5×16.5
0.52～0.60(绿色)	450～600	2.44	16.5×16.5
0.63～0.69(红色)	450～600	2.44	16.5×16.5
0.76～0.90(近红外)	450～600	2.44	16.5×16.5
0.45～0.90(全色)	450～600	0.60	16.5×16.5

Pléiades 高分辨率卫星星座由 2 颗完全相同的卫星 Pléiades 1 和 Pléiades 2 组成。Pléiades 1 已于 2011 年 12 月 17 日成功发射并开始商业运营，Pléiades 2 于 2012 年 12 月 1 日成功发射。双星配合可实现全球任意地区的每日重访，最快速满足客户对任何地区的超高分辨率数据获取需求。Pléiades 遥感影像数据参数见表 3-4。

表 3-4　Pléiades 遥感影像数据参数

波长/μm	轨道高度/km	分辨率/m	幅宽/km
0.43～0.55(蓝色)	695	2	20
0.49～0.61(绿色)	695	2	20
0.60～0.72(红色)	695	2	20

三、遥感影像解译

1. 现代冰川与古冰川遗迹

对于现代冰川与古冰川遗迹，此次遥感解译包括小冰期时期冰川以及末次冰期冰川。现代冰川是指由积雪形成并能运动的冰体。它一般可分为源头的粒雪盆和流出的冰舌两部分。冰川冰有一定的可塑性，受重力和压力作用发生流动。在山区，冰川顺山谷下流，其流速每年几米至数百米不等。此次现代冰川解译由地形图数字化后经同期航空相片纠正而来，在遥感影像上显示为白色。大约 15 世纪初开始，全球气候进入一个寒冷时期，通称为“小冰期”，在中国也称为“明清小冰期”。小冰期结束于 19 世纪中期。在此期间，世界上许多地区的冰川都发生明显的扩展前进和新鲜完整的冰碛物及其构成的地貌，表明其规模和范围比现今的冰川要大得多。小冰期结束，冰川明显退缩，遗留有明显的退缩痕迹，可以根据遥感影像结合 DEM 解译判读。小冰期冰川末端有明显的终碛垄，表面多无植被发育；在末次冰期冰川作用范围内，发育有“U”形谷、修剪线、漂砾、擦痕石、羊背岩或鲸背岩等冰川侵蚀和堆积地貌，研究区冰川范围见图 3-2。

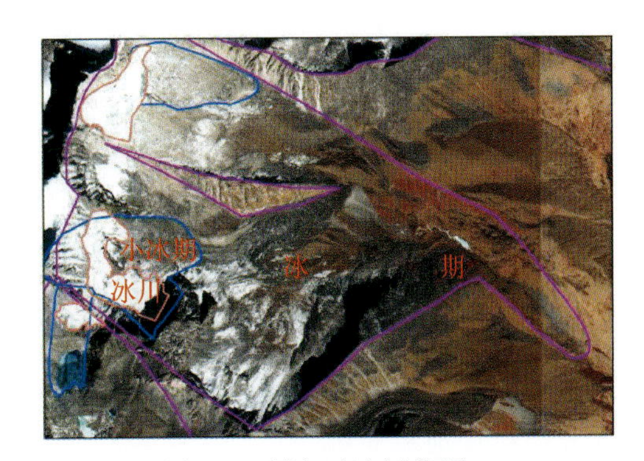

图 3-2　研究区冰川范围

2.不良地质现象解译

1)岩屑坡

岩屑坡又称岩屑堆或石流坡，是在冻土发育地区，因寒冻风化作用特别强烈，由重力作用和坡面微弱冲刷作用所形成的非地带性地貌形态，一般出现在山坡上，在遥感影像上呈浅灰色，且有滑动的痕迹(图 3-3)。

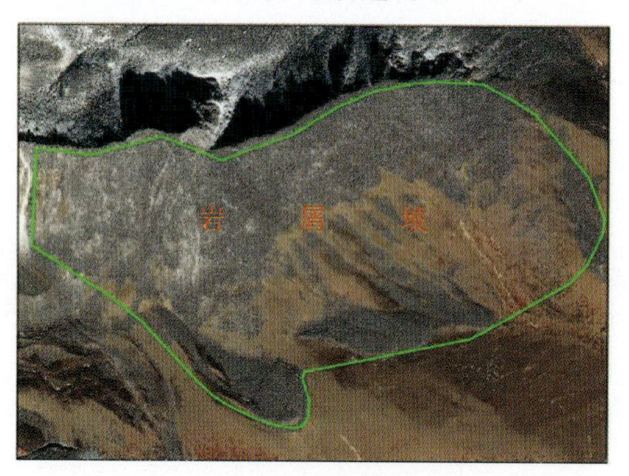

图 3-3　岩屑坡

2)融冻泥流

融冻泥流又称冻融泥流、泥流、土溜、土滑、冰滑等，指冻结的饱水松散土层和风化层解冻后，在重力作用下沿斜坡发生缓慢流动或蠕动的现象。一般出现在坡度为 5°～20°、地表物质以细砂土为主的地方，在遥感影像上呈灰色，有蠕动的痕迹(图 3-4)。

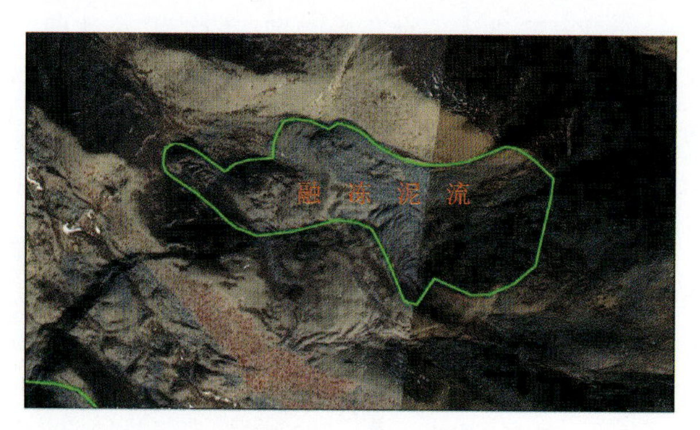

图 3-4　融冻泥流

3)石河

石河指的是冻土区由寒冻风化作用形成的碎石、岩块，在重力作用下顺着湿润的碎屑垫面或多年冻土层顶发生整体运动，搬运并堆积在山坡、山沟外而形成的窄长如河的堆积体。石河的运动速度很小，通常年运动速度为 0.2～2m/a。通过其形状结合 DEM 数据进行判读，在遥感影像上呈浅灰色（图 3-5）。

4）石冰川

石冰川区别于石河、岩屑坡和融冻泥流，发育在冰川区，冰川融化后，大量冰碛物顺谷地流动，形成长数百米、宽数十米的石冰川，在遥感影像上单从颜色很难与周围环境区分，需通过其表面流动纹理特性进行区分（图 3-6）。

图 3-5　石河

图 3-6　石冰川

5）冰斗

冰斗三面被陡壁所围，朝向下坡的一面是个缺口，外形呈围椅状，由冰斗壁、盆底和冰斗出口处的冰坝组成。典型的冰斗有峻峭的后壁、深凹的斗底（岩盆）和冰坎 3 个明显的组成部分，可结合 DEM 在遥感影像上通过形状判读（图 3-7）。

6）冰湖

冰湖位于冰川区，主要来水源于冰川或积雪融水，遥感影像上呈深蓝色，冻结的冰湖呈白色（图 3-8）。

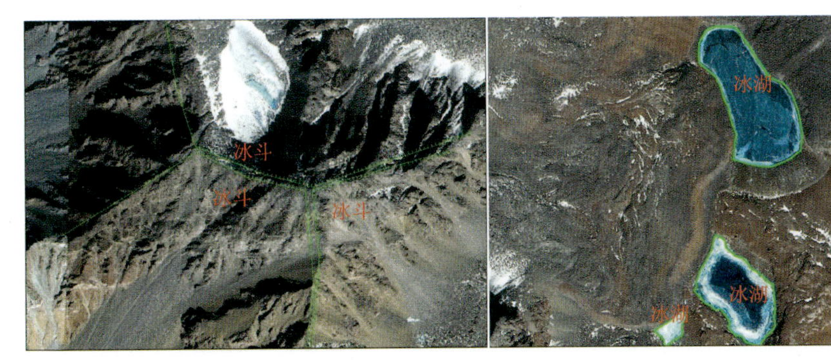

图 3-7　冰斗

图 3-8　冰湖

7）松散堆积物

松散堆积物为时代较新（包括现代）的尚未固结或未完全固结的堆积物，如黏土、亚黏土、砂、砾石、黄土、红土等。新生代，特别是第四纪（更新世和全新世）堆积物多属于松散堆积物，一般形成于坡度较缓的洼地和谷底（图 3-9）。区别于岩屑坡，它形成的海拔较低，与融冻泥流的区别是不含冰。

需要说明的是，8＃（朗新 2 号）和 10＃（朗新 3 号）冲沟阴影较重，因此，采用与 Google Earth 相结合的方法对地物类型进行判断，如图 3-10 所示。石冰川和岩屑坡的解译，绿色为石冰川，红色为岩屑坡。

图 3-9　松散堆积物

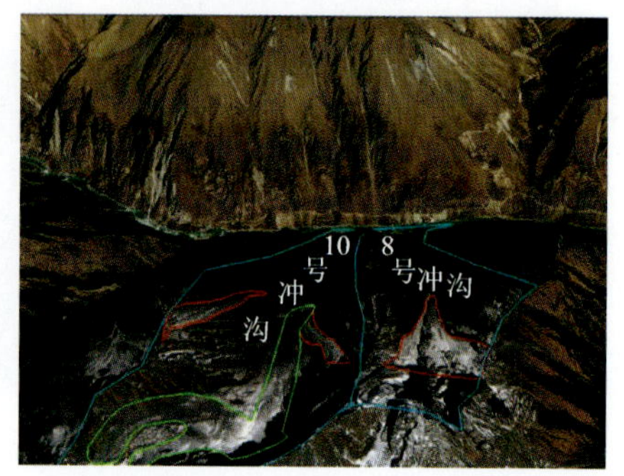

图 3-10　8＃（朗新 2 号）和 10＃（朗新 3 号）冲沟的 Google Earth 影像

第二节　遥感调查结果

一、各个冲沟遥感调查结果

1＃（干登）冲沟面积为 $6.8\times10^{7}\,m^{2}$，各种冰川地貌及地质现象均有发育，如现代冰川、冰湖、小冰期及末次冰期冰碛物、松散固体堆积物、岩屑坡、石冰川等，详见表 3-5。

5＃（朗佳 1 号）冲沟面积为 $4.5\times10^{6}\,m^{2}$，仅有 1 条石冰川，面积为 $0.1\times10^{6}\,m^{2}$。

6＃（朗新 1 号）冲沟面积最小，为 $1.4\times10^{6}\,m^{2}$，没有冰川地貌及地质现象发育。

7＃（朗佳 2 号）冲沟面积为 $7.9\times10^{6}\,m^{2}$，发育 2 条石冰川，面积为 $0.9\times10^{6}\,m^{2}$，发育 2条松散堆积物，面积为 $0.6\times10^{6}\,m^{2}$。

8#(朗新 2 号)冲沟面积为 $3.2\times10^6m^2$,仅有 1 条岩屑坡发育,面积为 $0.6\times10^6m^2$。

10#(朗新 3 号)冲沟面积为 $4.1\times10^6m^2$,发育 2 条岩屑坡,面积为 $7.2\times10^6m^2$,1 条石冰川,面积为 $1.4\times10^7m^2$。

14#(朗且嘎)冲沟面积为 $24.1\times10^6m^2$,发育 8 条岩屑坡,面积为 $1.7\times10^6m^3$。

表 3-5　1#(干登)冲沟遥感解译要素概况

类型	数量/个	面积/10^6m^2
冰川	5	0.6
冰湖	17	0.4
小冰期	6	1.8
冰期	9	39.7
岩屑坡	11	3.1
松散堆积物	5	2.1
石冰川	22	10.6

解译出的各个地物的面积由 ArcGIS 软件自动计算。各个要素的厚度及储量计算方法如下。

现代冰川的厚度用如下经验公式估算:

$$H = -11.32+53.21\times S^{0.3} \tag{3-1}$$

式中:H 为冰川平均厚度(m);S 为冰川面积(m^2)。储量由厚度和面积相乘算得。

冰湖水深参照发源于喜马拉雅山的朋曲河和波曲河冰川侵蚀湖的水深资料,冰川侵蚀湖的平均水深不大,最大平均水深可能不超过 3m。

对于冰碛物、垄或堤(包括小冰期和末次冰期)储量估算,Svensson(1959)通过对瑞典北部冰川槽谷进行测量计算与分析,提出了用来描述冰川槽谷形态特征的抛物线模型:

$$y=ax^b \tag{3-2}$$

式中:y 为冰碛厚度(m);x 为槽谷宽度(m);a 为系数;b 为经验参数。

查阅相关的文献，如云南白马雪山“U”形谷的 b 值为 1.779，四川螺髻山“U”形谷的 b 值为 1.835，天山乌鲁木齐河源区“U”形谷的 b 值为 1.825，三者均值约为 1.8，故本研究中冰川沉积物的体积估算采用 $b=1.8$(图 3-11)。对上述冰碛物体积估算进行验证，验证数据来源于野外雷达冰碛厚度测量(图 3-12、图 3-13)。野外调查期间对 1＃(干登)冲沟进行了瞬变电磁测深试验，共完成 16 个测点的冰碛厚度测量，这些测厚点分布如图 3-14 所示。

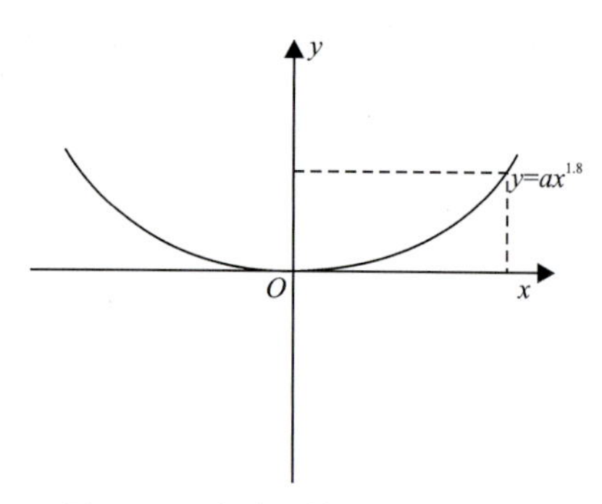

图 3-11　冰碛物体积估算简图

冰碛物体积计算步骤如下。

步骤一：1＃(干登)冲沟的冰川区为一发育良好的“U”形谷，采用电法测深，即冰碛厚度沿谷地的中轴线进行，获得测点处的冰碛物厚度。

步骤二：基于 GIS 技术，精确量算测点到其中一侧的距离，确定示意图点 A 的坐标。

步骤三：将点 A 的坐标代入“U”形谷的形态方程 $y=ax^b$，确定 a 值。

步骤四：通过积分计算出测点处横断面的面积。

步骤五：结合上、下两个测点处横断面的面积与这两个测点间的距离，计算相邻两个测点间冰碛物的体积。

步骤六：获得整个“U”形谷中冰碛物的体积。

石冰川松散物质体积计算与此类似。

图 3-12　瞬变电磁测深试验(一)

图 3-13　瞬变电磁测深试验(二)

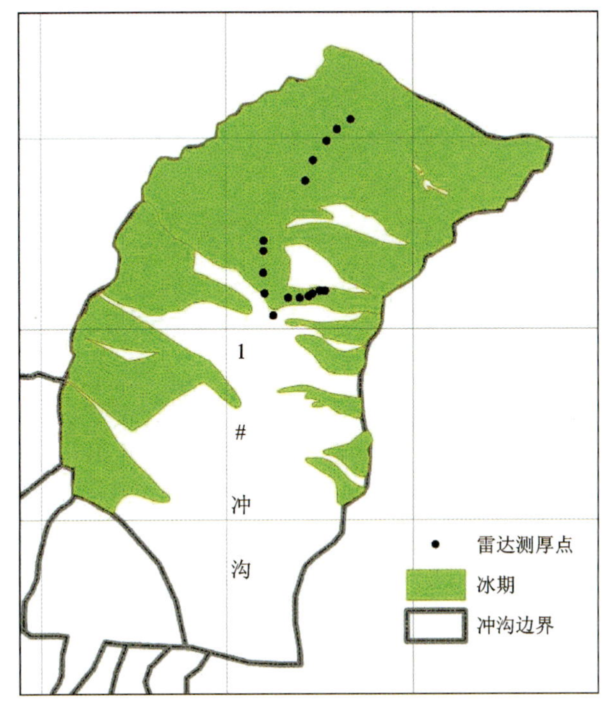

图 3-14　雷达测厚点分布

二、冰川数量、分布及其变化

研究区现代冰川全部分布在 1＃(干登)冲沟，大部分冰川地貌与冰缘地貌也分布在这一冲沟，相关调查主要围绕这一冲沟开展。

该冲沟位于雅鲁藏布江左岸，水流以南南西向汇入雅鲁藏布江。流域最高海拔 5992m，沟口最低海拔 3460m，上下高差达 2532m，流域面积 67.83km^2，是巴玉水电站枢纽及临建区泥石流与冰川危害调查区面积最大的冲沟。沟谷最长轴线长 13.12km，按其源头最高海拔(5060m)和最低海拔(3460m)计算，沟床平均比降为 13％；按沟谷面积和最长轴线长度计算，冲沟平均宽度为 5.2km。

1＃(干登)冲沟两侧不对称，西坡宽缓，东坡陡短，因而西坡的冲沟较长，东坡冲沟较短。1＃(干登)冲沟的最高海拔位于西坡的前段，是该冲沟冰川发育的主要地段。1＃(干登)冲沟在小冰期和末次冰期曾达到较大规模，在其后退时遗留下了大量的冰碛物，较为清晰可见的冰碛物分别为小冰期冰碛垄和末次冰碛垄。在末次冰期的冰斗冰川和山谷冰川消失后，古冰斗和槽谷中形成了大小不一的冰斗湖和槽谷湖。小冰期和末次冰期冰川退缩也为石冰川、石河、融冻泥流等冰缘地貌发育提供了广阔的空间。该冲沟地处大陆性气候区，寒冻风化作用强烈，岩石破碎，到处可见大小不一的岩屑坡或岩屑锥。冰川规模及其变化、冰湖的类型及其数量分布、冰碛物的数量及其分布、冰缘地貌和松散堆积物数量等，对于冰川及冰湖溃决泥石流的形成有着重要影响，因而对于这些要素必须逐项进行调查和勘探。

根据 1970 年的航空相片及相应地形图，对 1＃（干登）冲沟进行了第一次冰川编目，2009 年依据 Geoeye-1 卫星影像资料又进行了第二次冰川编目，其形态指标的变化列入表 3-6 中，巴玉水电站上游冰川及冰碛物分布遥感影像如图 3-15 所示。

表 3-6　1＃（干登）冲沟冰川及其变化

编号	年份	面积/km^2	长度/km	最高高度/m	末端高度/m	雪线高度/m	类型	厚度/m	冰储量/km^3
1	1970	0.038	0.25	5600	5460	5530	悬冰川	8	0.000 3
	2009	0.026	0.19	5600	5500	5560	悬冰川	7	0.000 2
	变化（＋；－）	－0.012	－0.06	0.00	＋40	＋30	悬冰川	－3	－0.000 1
2	1970	0.056	0.32	5980	5600	5790	悬冰川	9	0.005 0
	2009	0.033	0.20	5980	5615	5798	悬冰川	9	0.003 0
	变化（＋；－）	－0.023	－0.12	0.00	＋15	＋8	悬冰川	0	－0.002 0
3	1970	0.143	0.47	5700	5300	5500	悬冰川	15	0.002 1
	2009	0	0	—	—	—	悬冰川	0.00	0
	变化（＋；－）	－0.143	－0.47	—	—	—	悬冰川	－15	－0.002 1

续表 3-6

编号	年份	面积/ km^2	长度/ km	最高高度/m	末端高度/m	雪线高度/m	类型	厚度/ m	冰储量/ km^3
4	1970	0.419	0.72	5992	5320	5656	悬冰川	22	0.009 2
	2009	0.189	0.39	5992	5360	5676	悬冰川	16	0.003 0
	变化(+;−)	−0.230	−0.33		+40	+20	悬冰川	−6	−0.006 2
5	1970	0.378	1.10	5760	5360	5580	悬冰川	22	0.008 3
	2009	0.157	0.42	5760	5480	5620	悬冰川	15	0.002 3
	变化(+;−)	−0.221	−0.68		+120	+40	悬冰川	7	−0.006 0
6	1970	0.359	0.83	5860	5340	5600	悬冰川	21	0.007 5
	2009	0.204	0.59	5860	5400	5630	悬冰川	17	0.003 5
	变化(+;−)	−0.155	−0.24		+60	+30	悬冰川	−4	−0.004 0

注：+ 表示冰川高度升高；− 表示冰川面积、长度缩小或厚度和储量减小。

1970 年冰川编目表明，1＃(干登)冲沟共发育了 6 条冰川，冰川总面积为 1.393km^2，冰储量 0.032 4km^3，平均雪线海拔 5630m。受全球气候变暖的影响，1＃(干登)冲沟的 3 号冰川消失，在现存的 5 条冰川中，冰川面积缩小，冰储量减少，雪线高度升高，2009 年，冰川面积缩小到 0.609km^2，冰储量减少到 0.012 0km^3，变化率分别为−56.3％(年变化率为−1.41％)和−63.0％(年变化率为−1.57％)，雪线高度平均升高 25m。如果这种变暖趋势继续，1＃(干登)冲沟冰川到 2030 年前后将全部消失。

小冰期是指 15—19 世纪气候相对寒冷期，是百年世纪尺度的气候变化。在此期间，全球各山地冰川均前进，在高山现代冰川末端不远处遗留有 3 道形态清

图 3-15 巴玉水电站上游冰川及冰碛物分布遥感影像图

（引自中国科学院寒区旱区环境与工程研究所、中国水电顾问集团贵阳勘测设计研究院，2013）

晰和完整的终碛垄。由于小冰期冰碛垄保存完好，其表面形态特征、规模、风化程度和植被状况均与更早时期形成的冰碛垄有明显差别，因而可以用遗迹标志恢复小冰期时的冰川规模和重建当时的环境。小冰期大约结束于 19 世纪中期，从此以后，气候转入温暖期，山地冰川普遍退缩，1＃(干登)冲沟现存的冰川就是小冰期以来气候变暖而缩小的结果。根据航空相片和相应的地形图进行判读，1＃(干登)冲沟冰川在小冰期时面积曾达到2.985km^2，1970年和2009年，冰川面积分别缩小了53％和80％。与此同时，小冰期结束以来，冰川长度缩短，冰储量减少，雪线升高。

末次冰期时，1＃(干登)冲沟冰川曾达到更大的规模，在沟中所见数量最多、分布最广的冰碛垄就是这次冰期的冰川前进造成的。发育在7.5万～1万年前的大冰期，由于是第四纪四大冰期的最后一次，因而又称为末次冰期，其最盛期大约发生在距今2万年以前。末次冰期最盛时，1＃(干登)冲沟冰川曾达到9条，冰川面积达到39.73km^2，覆盖着沟谷总面积的59％，是现存冰川面积的80多倍，冰川最低末端下伸到海拔4500m，较现代冰川的最低海拔下降800m，雪线高度位于海拔5140m处，较现存冰川雪线下降500m。

三、冰湖数量、类型及分布

冰湖按成因分为冰川阻塞湖、冰碛阻塞湖、冰川侵蚀湖、冰面湖和冰内(冰下)湖。其中，冰川阻塞湖是由冰川前进或冰川跃动阻塞与之相交的谷地而蓄水形成的湖泊；冰碛阻塞湖是由冰川前端的终碛垄阻塞冰川融水而形成的湖泊，因为小冰期时形成的终碛垄高大，并保存完好，所以冰碛阻塞湖多以小冰期终碛垄为堤坝；冰川侵蚀湖是在第四纪冰川侵蚀作用下，在冰川消失后的某些古冰斗及冰蚀槽谷低洼处蓄水形成许多规模较小的湖泊。冰川阻塞湖和冰碛阻塞湖的蓄水量大，其溃决引起的突发性洪水起涨快，涨率大，洪峰高，洪水时间短促。由于这种溃决性洪水沿途裹挟大量冰碛物和其他成因的松散堆积物，往往演变为泥石流，对下游造成的危害更大。

1＃(干登)冲沟未发育规模较大及危害严重的冰川阻塞湖和冰碛阻塞湖，仅发育有规模较小的16个冰川侵蚀湖，其中6个为冰斗湖、10个为冰川槽谷湖(表3-7)。

冰湖面积介于0.017 0～0.104 8km^2，16个冰湖总面积近0.4km^2，冰湖平均面积0.024 9km^2。参照发源于喜马拉雅山的朋曲河和波曲河冰川侵蚀湖的水深资料，冰川侵蚀湖的平均水深不大，根据现场踏勘及邻近冰湖特征对比分析，各冰湖的水深值列入表3-7中，最大平均水深不超过3m。根据各冰湖水深值估算，1＃(干登)冲沟16个冰湖的总蓄水量为110.05×10^4m^3，每个冰湖平均蓄水量仅为6.88×10^4m^3。

表 3-7　1#(干登)冲沟冰湖的形态要素

冰湖编号	冰湖面积/m²	湖面海拔/m	冰湖类型	平均水深/m	估计水量/$10^4 m^3$
Bh01	1677	5220	冰斗湖	1.5	0.25
Bh02	15 908	5220	冰斗湖	2.5	3.90
Bh03	8766	5370	冰斗湖	1.6	1.40
Bh04	42 829	5420	冰斗湖	3.0	12.80
Bh05	3199	5380	冰斗湖	1.6	0.50
Bh06	26 242	5230	冰斗湖	2.5	6.50
Bh07	4984	4970	槽谷湖	1.6	0.80
Bh08	1987	5020	槽谷湖	1.5	0.30
Bh09	104 829	5070	槽谷湖	3.0	31.40
Bh010	1967	5060	槽谷湖	1.5	0.30
Bh011	4984	5060	槽谷湖	1.6	0.80
Bh012	36 909	5020	槽谷湖	2.8	10.30
Bh013	7185	5060	槽谷湖	1.8	1.30
Bh014	53 092	4960	槽谷湖	3.0	15.90
Bh015	34 329	4980	槽谷湖	2.8	9.60
Bh016	49 974	4940	槽谷湖	2.8	14.00
总计	398 861	—	—	—	110.05

四、冰缘地貌类型及分布

古冰川消失的广阔空间里，在强烈的寒冻风化作用影响下，石冰川、石河(图3-16)、融冻泥流等冰缘地貌发育。在这些冰缘地貌中，石冰川是唯一与古冰川作用有关的地貌，其表面所覆盖的大量岩屑和松散堆积物在暴雨冲刷下也可能成为泥石流的部分固体物质来源，因此需要对其进行重点调查。

在古冰川消失的同时，冰斗或槽谷的低洼处所残留的冰体被岩屑和其他成因的松散堆积物不断覆盖。在厚层岩屑保护下，其下的冰体或冰层不被融化而保存下来，这样形成的地貌现象称为石冰川。石冰川与其他冰体不同的主要特征是具有缓慢运动的特点，而不运动的冰体称为死冰或埋藏冰。

1#(干登)冲沟发育了22条石冰川(表3-8，图3-17)，总面积达10.59km²，

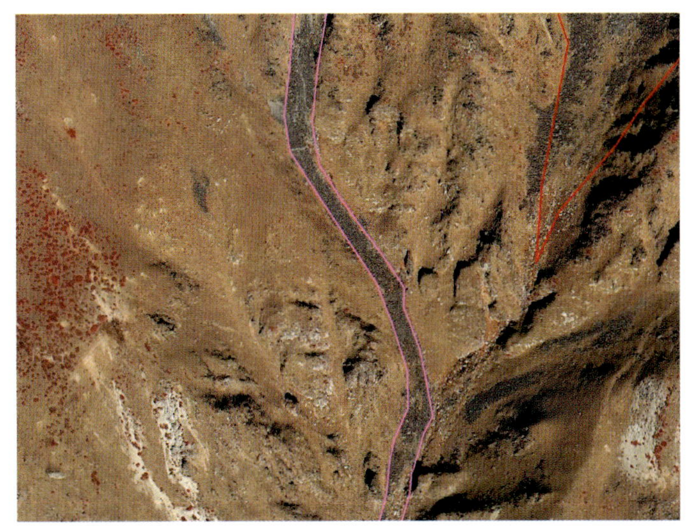

图 3-16　1#(干登)冲沟发育的石河(据 2009 年 Geoeye-1 卫星影像)

是现存冰川总面积的 23 倍,平均面积也是现存冰川平均面积的 4.2 倍,说明 1#(干登)冲沟发育的石冰川数量和规模均很大,在我国各古冰川作用地区的冰缘地貌中,石冰川最发育且规模最大。1#(干登)冲沟石冰川大多发育在海拔 4540～5760m 的古冰川作用槽谷中,根据古槽谷及其与冰碛垄的关系进行判读,此处的石冰川是在末次冰期冰川退缩以后形成的,保存至今近 1 万多年。石冰川表面覆盖的厚层岩屑使其免于消融,估计将会保存很长的时间。

表 3-8　1#(干登)冲沟石冰川的形态要素

编号	面积/km^2	长度/km	宽度/km	最高高度/m	最低高度/m	比降
1	0.36	1.23	0.29	5460	4920	0.44
2	0.16	0.90	0.18	5540	5220	0.35
3	0.36	1.62	0.22	5360	4760	0.37
4	0.22	1.12	0.19	5480	4980	0.45
5	1.14	1.89	0.60	5640	4940	0.37
6	0.44	1.12	0.40	5760	5300	0.41
7	0.39	1.35	0.29	5360	4910	0.33
8	0.65	1.86	0.35	5400	4830	0.31
9	0.84	1.92	0.44	5460	4980	0.25
10	0.68	1.75	0.39	5550	4980	0.33

续表 3-8

编号	面积/km²	长度/km	宽度/km	最高高度/m	最低高度/m	比降
11	0.50	0.92	0.52	5540	4980	0.61
12	0.25	1.00	0.25	5520	5100	0.42
13	0.25	1.18	0.21	5480	5060	0.35
14	0.48	1.38	0.35	5360	4980	0.28
15	0.12	0.53	0.23	5260	5040	0.42
16	0.38	1.38	0.28	5260	4940	0.23
17	0.32	1.11	0.29	5300	4830	0.42
18	0.59	1.80	0.33	5420	4920	0.28
19	0.60	1.50	0.40	5430	4920	0.34
20	0.41	1.71	0.24	5380	4710	0.39
21	0.41	1.73	0.23	5360	4640	0.42
22	1.04	1.36	0.76	5260	4540	0.53
总计/平均	10.59/0.48	/1.38	/0.35	5760	4540	/0.38

图 3-17　1#(干登)冲沟中发育的石冰川(据 2009 年 Geoeye-1 卫星影像)

五、冰川地貌类型及分布

1#(干登)冲沟在第四纪期间古冰川作用比较强烈,因而塑造了诸如角峰、古冰斗、槽谷等冰川侵蚀地貌和侧碛垄、终碛垄等冰川堆积地貌。冰川侵蚀地貌是冰川通过磨蚀、拔蚀、挤压等动力过程对冰川区地形进行的塑造，一般为负地形形态。冰川侵蚀地貌对冰川洪水和冰川泥石流的形成没有任何影响，因而这里不作详细调查。而冰川沉积所形成的冰川侧碛垄和终碛垄为正地形形态，可能为冰川泥石流形成提供固体物质来源，因而将其作为重点调查对象。

在重力作用下，向下运动的冰川不断侵蚀冰床，也从两侧山坡获得大量的岩屑，经过冰川底部（称底碛）、内部（称内碛）和表面（称表碛）向下输送，并在冰川两侧和末端停积，分别形成侧碛垄和终碛垄。

1＃（干登）冲沟发育多次冰期，最早时期形成的冰碛垄因受后期的多种侵蚀要素的影响，其形态已不清晰，高度也变得低矮，其中的砾岩已经胶结，表面已有植被生长，因而对该冲沟冰川泥石流的形成没有影响。1＃（干登）冲沟形态清晰、高大的冰碛垄是末次冰期和小冰期时形成的冰碛垄，它们有可能是冰川泥石流形成的固体物质来源，因而将其作为重点调查对象。

1＃（干登）冲沟在海拔4700m以上，分布面积较大，发育有形态清晰的末次冰期晚期、全新世冰川波动所成的冰碛物地形，垄状形态保存完整，但冰碛垄中的砾岩已处于半胶结状态，冰碛垄表面也有稀疏植被生长。这些冰碛物保存在底部较为宽浅的“U”形谷中。经野外调查和勘探，并按“U”形谷的深度与宽度的比值$b=1.8$计算，海拔4700m以上的末次冰期冰川沉积量为$1.7\times10^8 m^3$。

1＃（干登）冲沟小冰期遗留有3道形态清晰和完整的终碛垄。冰碛物松散，表面没有植被生长。小冰期终冰碛垄分布在1970年以前存在的6条冰川末端不远处，海拔5130～5200m。小冰期的冰川规模要远小于末次冰期，因而其沉积的冰碛物量也相应小于末次冰期。据野外调查勘探，并结合2009年分辨率达0.5m的Geoeye-1卫星影像判读，小冰期冰碛物的总沉积量约为$0.3\times10^8 m^3$。

六、冰川泥石流与危害评估

与冰川有关的灾害可以归纳为冰雪崩、冰川跃动和冰川洪水或冰川泥石流3类，而冰雪崩和冰川跃动容易诱发冰川洪水或冰川泥石流，因此，冰川洪水或冰川泥石流是冰川区常见的主要地质灾害。

冰川流域对水文气象条件的非线性响应产生的具有极大流量的灾害性洪水，称为冰川洪水。按成因，冰川洪水可以分为：①冰川强烈消融性洪水；②冰湖溃决性洪水；③冰面湖或冰内洞穴溃决洪水；④火山喷发而形成的灾害性洪水；⑤冰雪崩体融化而形成的洪水。根据冰川规模、冰湖分布和地质地貌条件，1＃（干登）冲沟完全不可能发生后3种冰川性洪水，而有无可能发生前两种灾害性洪水还要进行综合分析和评价。以下用两种方法进行评估。

(1)1#(干登)冲沟冰川规模不大,1970年冰川编目表明,1#(干登)冲沟共发育了6条冰川,冰川总面积为1.393km²,冰储量0.032 4km³。受全球气候变暖的影响,1#(干登)冲沟的3号冰川消失,在现存的5条冰川中,冰川总面积缩小到0.609km²,冰储量减少到0.012 0km³。该区地处喜马拉雅山中西段的北坡,属于亚大陆性气候区。根据《中国冰川与环境——现在、过去和未来》(施雅风,2000,第27页),1#(干登)冲沟冰川为亚大陆型冰川,冰川平衡线高度上年降水量在500~1000mm之间,年均气温为−6~−12℃,夏季温度为0~3℃,20m深度以上的活动层冰温为−10~−1℃。由于冰川区气温低和年降水量少,冰川消融强度不大,冰川融水径流量也相应不大。根据《中国冰川水资源》(杨针娘,1991,第80页)的估算,喜马拉雅山中西段的珠穆朗玛峰北坡绒布冰川,消融深在600mm左右。1#(干登)冲沟和绒布冰川大体处于同一气候区,冰川径流量也可以参照600mm的冰川消融深估算(表3-9)。估算结果表明,1#(干登)冲沟现存的5条冰川年融水径流总量为36.54×10⁴m³,是冰川径流量很小的沟谷之一,对冰川径流的补给作用也十分有限。影响冰川强烈消融性洪水形成的不仅是冰川径流总量,更重要的是其日最大径流量。如果冰川消融期按5—9月估算,1#(干登)冲沟日均径流量仅0.239×10⁴m³。据乌鲁木齐河源冰川径流的多年观测结果,7—8月是冰川消融最强烈的月份,该期所形成的径流量大约是年径流总量的一半,然后再按度日因子等方法估算极端高温的冰川径流量(假设气温在原平均气温的基础上再升高2℃,按气温升高1℃、冰川消融深增加6mm估算)。估算结果表明,1#(干登)冲沟日最大径流总量为0.730 8×10⁴m³,远达不到形成洪水的量级,如果换算为洪峰流量则更小。根据该区冰川分布情况,1号~4号冰川分布在西坡,5号冰川分布在东坡,而且5条冰川均不在同一冲沟,由于有延缓洪峰汇聚的作用,该区形成冰川消融性洪水的可能性更小。

表3-9 冰川融水径流量估算

编号	冰川面积/km²	冰川消融深/mm	年融水径流量/10⁴m³	日均径流量/10⁴m³	日最大径流量/10⁴m³
1	0.026	600	1.56	0.010	0.031 2
2	0.033	600	1.98	0.013	0.039 6
3	—	—	—	—	—
4	0.189	600	11.34	0.074	0.226 8
5	0.157	600	9.42	0.062	0.188 4
6	0.204	600	12.24	0.080	0.244 8
总计	0.609	600	36.54	0.239	0.730 8

(2)采用刘朝海和丁良福(1988)提出的公式计算冰川的年消融总量与气温的关系：

$$A=0.78(T_s+9.0)\times 3.09 \tag{3-3}$$

式中：A 为年消融总量(mm)；T_s 为平衡线高度处夏季平均气温(℃)。

采用加查气象站(海拔 3260m)1991—2012 年的逐日气温资料，1991—2012 年加查站的日均气温如图 3-18 所示。在冰川上，平衡线高度上达到 0℃时消融区有消融，以≥0℃的天数确定消融期。根据公式(3-3)，此处平衡线高度为 5620m，按气温随海拔升高而降低的梯度关系计算，T_s 应该为加查站的消融期平均气温减去 15.3℃，平均消融期长度确定为≥15.3℃的天数。统计共有 73d 气温≥15.3℃，消融期内的平均气温为 0.67℃。根据公式(3-3)计算年消融总量为 865mm。假定平衡线高度上的消融量为整个冰川区(冰川面积用 1978 年数据 1.393km^2)的平均消融量，整个冰川区的年均消融量为 12×10^5 m^3，产生的冰川融水径流量为 13.4×10^5 m^3。

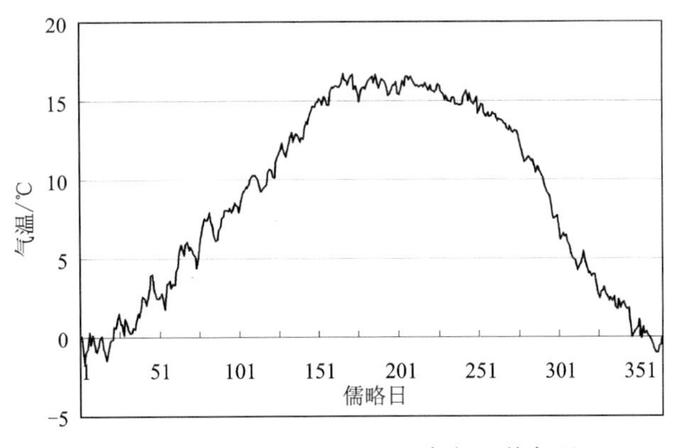

图 3-18　加查站 1991—2012 年间日均气温

一般采用简单阈值法对极端高温事件进行最简单的定义，如挑选月或季内出现的最高温度或日最高气温大于某一阈值(如 35℃)即定义为极端高温事件，而目前极端高温事件被认为是一种小概率事件，因此一般多从出现概率的角度进行定义，取累积频率超过 90%或 95%时的阈值作为极端高温事件划分的标准。参考上述极端高温的定义，综合二者定义极端高温方法的优点，对我国极端高温事件的定义如下：当某一台站日最高气温的累积频率达到一定的概率分布(本研究为了突出小概率事件特征，取 99%)，将此概率所对应的最高气温临界值定义为极端高温事件的阈值。加查气象站 1991—2012 年间的气象资料显示，极端高温值为 22.7℃(2010 年 7 月 7 日)。利用公式(3-3)得到的年消融总量为 4425mm，产生的冰川融水年径流量为 68.5×10^5 m^3，2010 年的消融期长度为

103d，日消融时间为8h，极端高温事件产生的流量为2.3m^3/s。

在2009年分辨率达0.5m的Geoeye-1卫星影像上判读，小冰期结束后，冰川规模是现存冰川的7倍，当时也未见形成冰川强烈消融性洪水的痕迹。随着气候的不断变暖，现存5条冰川的面积和冰储量还在不断地减小，分别按年变化率－1.41%和－1.57%估算，1#（干登）冲沟冰川到2030年前后将全部消失，冰川消融性洪水也将不复存在。

形成冰川泥石流的条件是要有大量的松散堆积物、充分的水源和较大的沟谷坡度。1#（干登）冲沟虽有小冰期遗留的大量松散堆积物，但是没有发育以小冰期终碛垄为堤坝的冰川阻塞湖，因而不可能溃决形成突发性洪水，冰川消融性洪水又很小，从而不能裹挟大量冰碛物和其他成因的松散堆积物而形成冰川泥石流。

1#（干登）冲沟未发育规模较大及危害严重的冰川阻塞湖和冰碛阻塞湖，仅发育有规模较小的16个冰川侵蚀湖，其中6个为冰斗湖、10个为冰川槽谷湖（表3-7）。这种冰湖是掘蚀古冰斗或槽谷中的基岩，在其形成的岩盆中蓄水而成，因而这种冰湖不可能溃决。这种冰湖末端没有明显的冰碛物，远在下方的末次冰期冰碛垄中砾岩已不同程度胶结，砾岩上生长着稀疏的植被，冰湖的面积和蓄水量又很小，因而不可能形成冰川溃决性洪水或冰川泥石流。

8#（朗新2号）冲沟发育1条岩屑坡，物质量为$1.76\times10^6 m^3$，10#（朗新3号）冲沟发育1条石冰川以及2条岩屑坡，物质量为$2.13\times10^7 m^3$。二者在重力或融水参入情况下的物质输送量有限。

第三节　地貌类型与物探调查方法

一、物探调查目的及任务

巴玉水电站坝址河段河谷深切，坝段附近各冲沟松散物源丰富，两岸坡顶冰川发育，有冰川活动及产生泥石流的可能。为了正确判断泥石流对枢纽区工程（大坝、引水发电系统、泄洪消能系统等）、施工布置（渣场、改建公路、桥梁等）、临建工程（施工营地）及附属建筑物是否会产生危害及其危害的严重程度，在区域范围内开展了高密度电法及电测深物探勘查工作，为巴玉水电站的勘查设计、施工提供科学依据，减少因冰川及泥石流灾害造成的经济损失。

此次物探调查主要任务是查明研究区沃卡河口两岸及1#（干登）冲沟地层岩性结构、第四纪松散层厚度及分布范围，为选择坝址及工程施工提供科学依据。

二、工作方法及技术要求

1. 采用仪器及用途

高密度电法采用重庆地质仪器厂生产的DUK-2型60道高密度电法系统、电测深进行野外观测，通过逐渐改变供电极距大小了解垂直向下不同深度范围内第四系覆盖层的厚度和地层岩性结构、地层断裂构造位置。

2. 电极距的选择

为保持电测深曲线的完整性，达到目的层的探测深度，满足设计要求，最小供电极距$AB/2=1.5$m，最大供电极距$AB/2=500$m，电测深曲线尾支基本反映了电性标志层。

3. 测站工作

(1)因施工困难，除极个别点位采用小距离位移外，绝大部分点位按设计位置布线施工，电极距排列方向满足规范要求。

(2)本次勘查工作使用的DUK-2型多功能直流电法仪，性能良好，工作状态稳定，绝缘性能良好，仪器各项技术指标均达到仪器使用说明书的规定。常数误差均满足要求。

(3)重复观测改变的电流量大于3%，两次读数的电流误差不超过3%。对电测深曲线存在畸变、交叉、喇叭口及MN接线开口超过4mm的不正常极距均进行重复观测或增加一组相邻供电极距观测，确保曲线形态与相邻曲线形态一致。

(4)对野外工作做原始记录，并绘制曲线草图，确保观测数据的正确和电极距的检查。原始记录本填写清楚、整洁，无涂改现象。

4. 导线布设与电极接地

(1)AB放线方向与MN方向一致，近距离保持在同一条直线上。

(2)当供电电极采用多根电极并联接地时，电极组的排列方向垂直测线方向，电极组长度小于1/20相邻电极间距，大于电极入土深度的2～3倍。

5. 漏电检查

野外作业时，随时检查每个测深点供电和测量导线及仪器是否漏电。遇到漏电现象时，无论漏电大小，首先排除漏电故障，然后观测读数，并在记录本相应的备注栏中记录、说明。

6. 观测质量评价

电测深点系统检查观测具体布置、要求和注意事项均按规范执行。测区系统检查点均按式(3-4)计算均方相对误差，并满足设计书中规定的精度要求。

$$M=\pm\sqrt{\frac{1}{2n}\sum_{i=1}^{n}\left(\frac{\rho_{si}-\rho'_{si}}{\overline{\rho_{si}}}\right)^2}\times 100\% \tag{3-4}$$

式中：ρ_{si}为第 i 个供电极距（同组 MN）基本采样值；ρ'_{si}为第 i 个供电极距（同组 MN）系统检查采样值；$\overline{\rho_{si}}$为 ρ_{si} 与 ρ'_{si} 的算数平均值；n 为参加统计计算 ρ_s 值的采样数目。

7.技术要求

本次物探勘查工作中执行下列标准：

（1）GB/T 2000 质量管理体系和质量保证系列国家标准。

（2）DZ/T 0072—2020《电阻率测深法技术规范》。

（3）DZ/T 0073—2016《电阻率剖面法技术规程》。

三、物探工作布置

依据设计要求并结合研究区实际情况，剖面线沿沟谷方向布设，南北向布置5条，东西向布置2条，除3号剖面点距为3m外，其余剖面点距为10m，单条剖面长180～600m，剖面号和点号编排顺序为西小东大、南小北大。本次工作共完成高密度电法剖面7条，长3.33km；物理点375个，点距3～10m不等。在研究区1#（干登）冲沟完成电测深点9个，由南向北形成一个完整的剖面，剖面号和点号编排顺序为西小东大、南小北大。勘查区地理坐标采用1954年北京坐标系，高程采用1956年黄海高程系。电测深、高密度电法剖面点位坐标、高程均采用GPS全球卫星定位仪观测。

四、地球物理特征

通过研究区露头电性参数测定得知，松散覆盖冰碛碎石地层岩性具有较高的视电阻率值，基底地层岩性为花岗岩，视电阻率值相对低，不同地层岩性之间在电性上存在明显差异，勘查地段具备地球物理勘查前提条件。不同地层岩性对应的视电阻率值见表3-10。

表3-10　不同地层岩性对应的视电阻率值表

地质时代	岩性	视电阻率值/(Ω·m)	备注
第四纪(Q)	高原草甸土	100～300	细颗粒
	冰碛碎石土	4000～6000	粗颗粒、松散
寒武纪	花岗岩	2000～4000	完整、致密

第四节 物探解释推断

一、定性分析

(一)高密度电法

1.1 号断面

在1号剖面高密度电阻率断面上(图3-19),上部视电阻率值3400～6000Ω·m,对应地层岩性为冰碛碎石土,自北西向南东逐渐变厚,至沃卡河口厚度最大;下部视电阻率值2000～4000Ω·m,对应地层岩性为花岗岩。

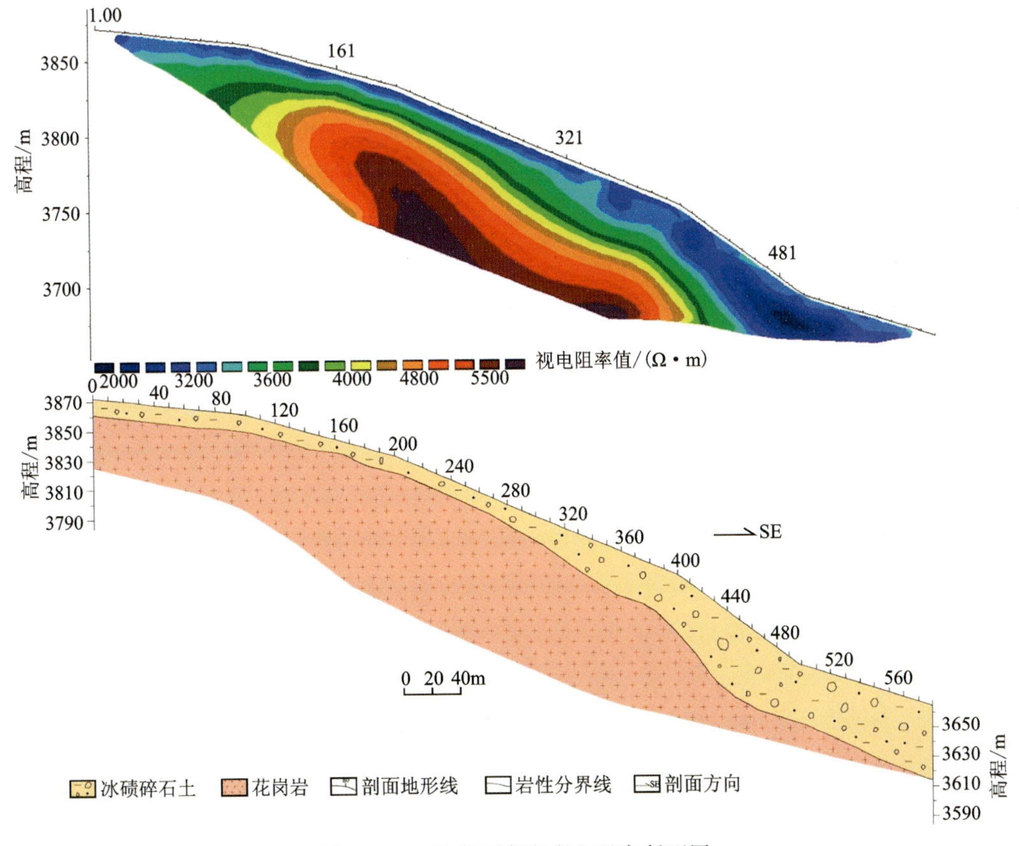

图3-19 1号剖面高密度电阻率断面图

2.2 号断面

在 2 号剖面高密度电阻率断面上(图 3-20),上部视电阻率值 3600～6000Ω·m,对应地层岩性为冰碛碎石土,自西向东逐渐变薄;下部视电阻率值 2000～4000Ω·m,对应地层岩性为花岗岩。整条断面呈现出上部地层岩性颗粒粗、松散,下伏基底岩性颗粒致密的态势。

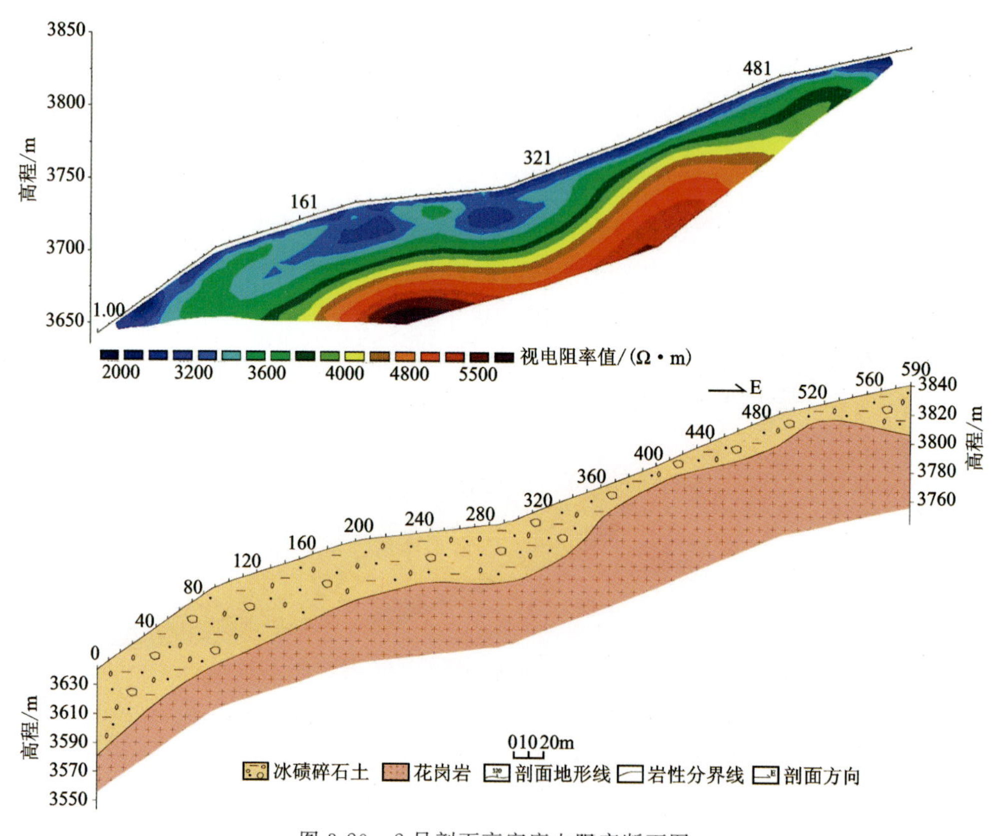

图 3-20　2 号剖面高密度电阻率断面图

3.3 号断面

在 3 号剖面高密度电阻率断面上(图 3-21),上部视电阻率值 100～200Ω·m,对应地层岩性为高原草甸土;下部视电阻率值 3500～6000Ω·m,对应地层岩性为冰碛碎石土。整条断面呈现上部地层岩性颗粒细、泥质含量高,下部地层岩性颗粒粗的态势。

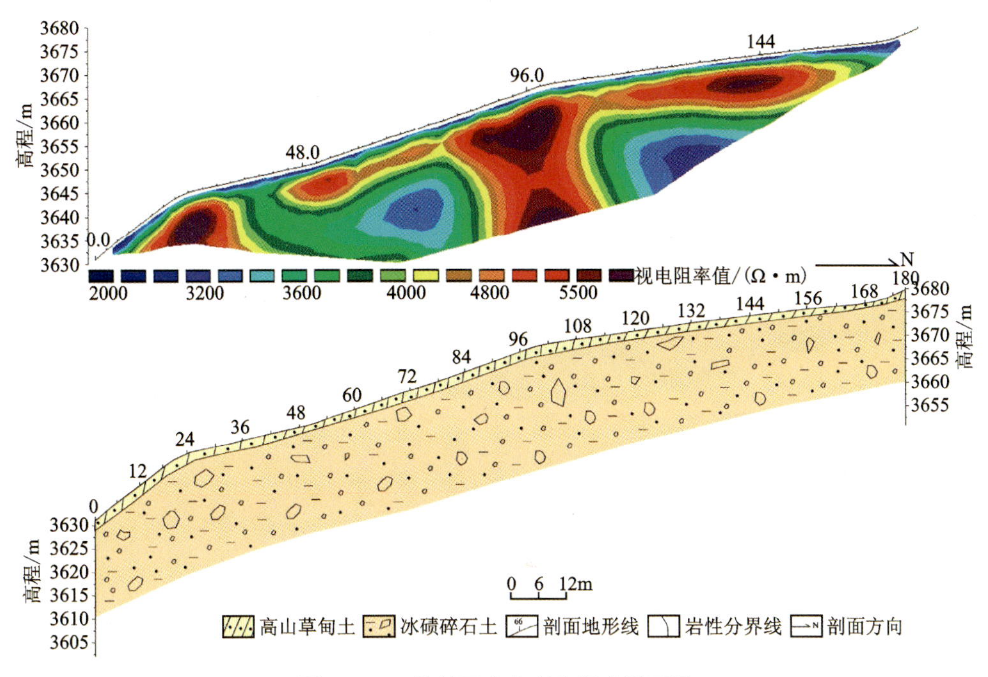

图 3-21 3号剖面高密度电阻率断面图

4.4号断面

在4号剖面高密度电阻率断面上(图3-22),上部视电阻率值4000～6000Ω·m,对应地层岩性为冰碛碎石土;中部形成一个盆状的凹陷;下部视电阻率值2000～4000Ω·m,对应地层岩性为花岗岩。整条断面呈现出上部岩性颗粒粗、泥质含量高、松散,下部基底岩性颗粒致密的态势。

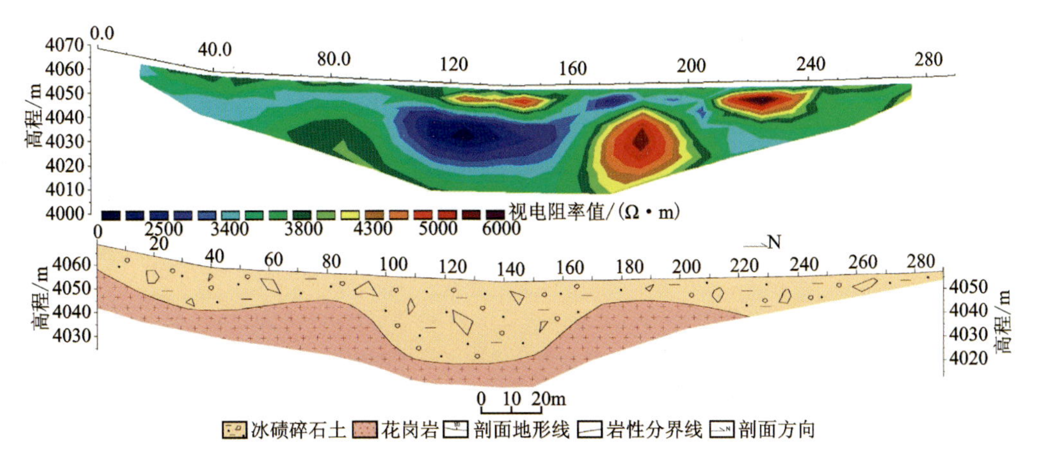

图 3-22 4号剖面高密度电阻率断面图

5.5 号断面

在5号剖面高密度电阻率断面上(图3-23),上部视电阻率值100～200Ω·m,对应地层岩性为高原草甸土;中部视电阻率值4000～6000Ω·m,对应地层岩性为冰碛碎石土;下部视电阻率值2000～4000Ω·m,对应地层岩性为花岗岩。整条断面松散层呈现南部厚度薄、北部逐渐变厚的态势。

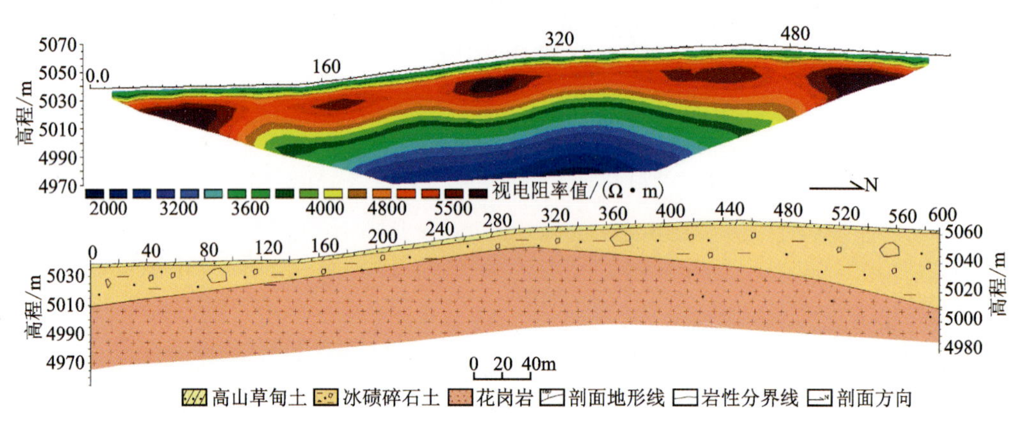

图3-23 5号剖面高密度电阻率断面图

6.6 号断面

在6号剖面高密度电阻率断面上(图3-24),上部视电阻率值100～200Ω·m,对应地层岩性为高原草甸土;中部视电阻率值3400～6000Ω·m,对应地层岩性为冰碛碎石土;下部视电阻率值2000～3400Ω·m,对应地层岩性为花岗岩。

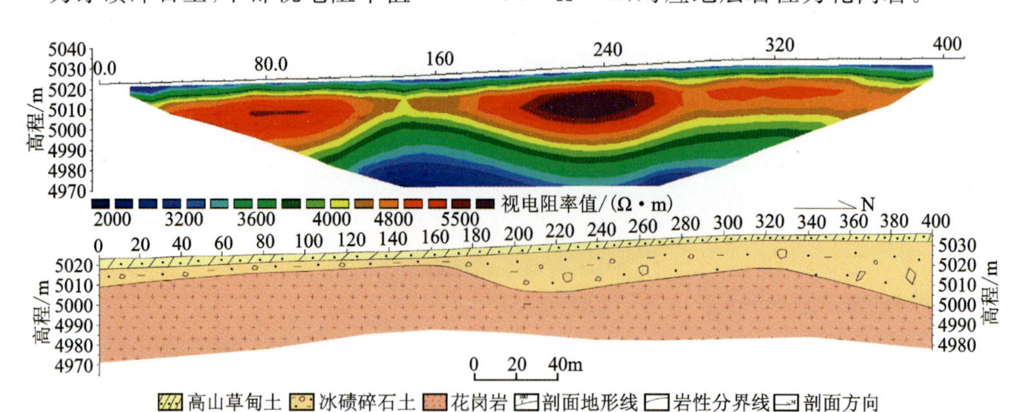

图3-24 6号剖面高密度电阻率断面图

7.7 号断面

在 7 号剖面高密度电法断面上(图 3-25),上部视电阻率值 100～200Ω·m,对应地层岩性为高原草甸土;中部视电阻率值 3500～6000Ω·m,对应地层岩性为冰碛碎石土,自南向北形成两边厚、中间薄的变化规律;下部视电阻率值 2000～4000Ω·m,对应地层岩性为花岗岩。整条断面呈现出中心部位下伏、基底隆起的态势。

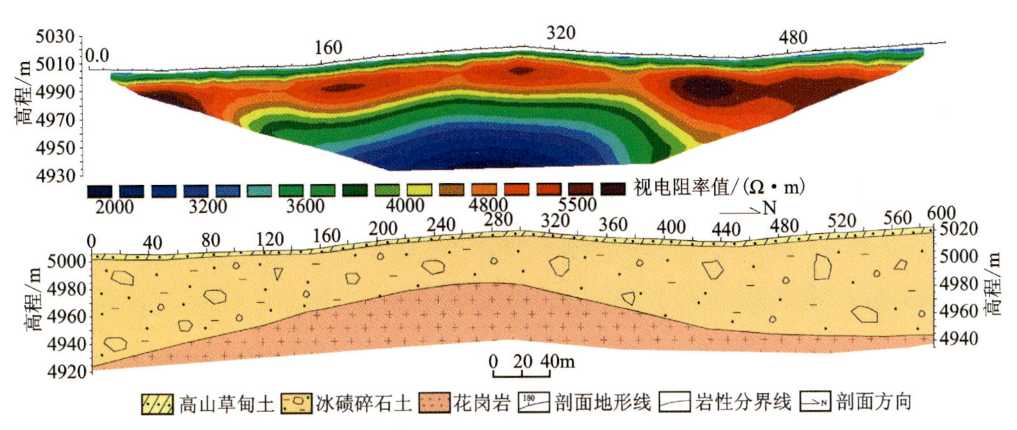

图 3-25 7 号剖面高密度电阻率断面图

(二)电测深法

1.电测深曲线

研究区内曲线类型为 K 型(图 3-26、图 3-27)。曲线首支视电阻率小于 300Ω·m,对应地层岩性为高原草甸土;K 型部位视电阻率值 4000～6000Ω·m,对应地层岩性为冰碛碎石土,地层岩性颗粒大小各异,曲线尾支视电阻率值在 2000～3500Ω·m 之间,电性层稳定,上下波动幅度不大,小幅波动可能是由地层岩性局部破碎或充水所引起,与之对应的地层岩性为花岗岩。

2.电测深断面

电测深剖面沿 1#(干登)冲沟近南北向布置,在视电阻率等值线断面图上(图 3-28),表层视电阻率值 100～200Ω·m,与高原草甸土相对应,其下视电阻率值逐渐增大,至 3500～5500Ω·m,与冰碛碎石土相对应,浅部视电阻率等值线值 2100～3500Ω·m,与完整的花岗岩相对应。视电阻率断面图上,1 号、2 号点深部视电阻率等值线缓慢上升至 3 号、4 号点附近,而后又逐渐下降,至 7 号点附近下降幅度最大,8 号点附近又有上升趋势。整个断面视电阻率等值线呈波浪起伏

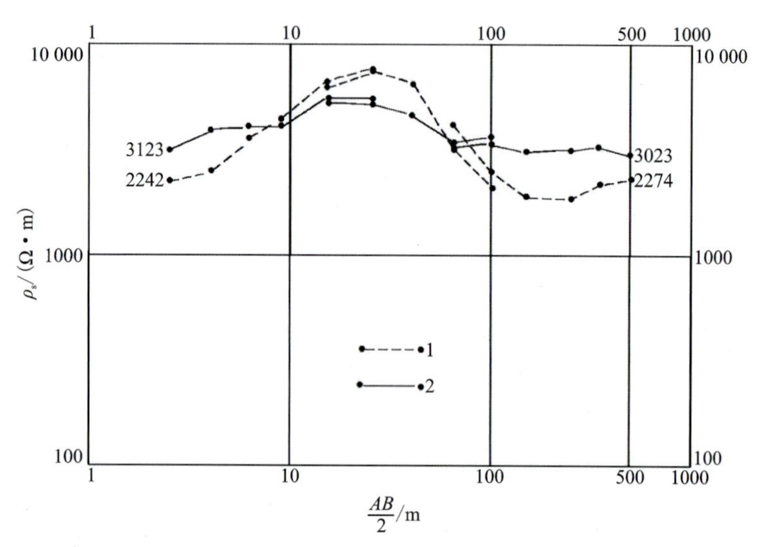

图 3-26 电测深曲线类型对比图

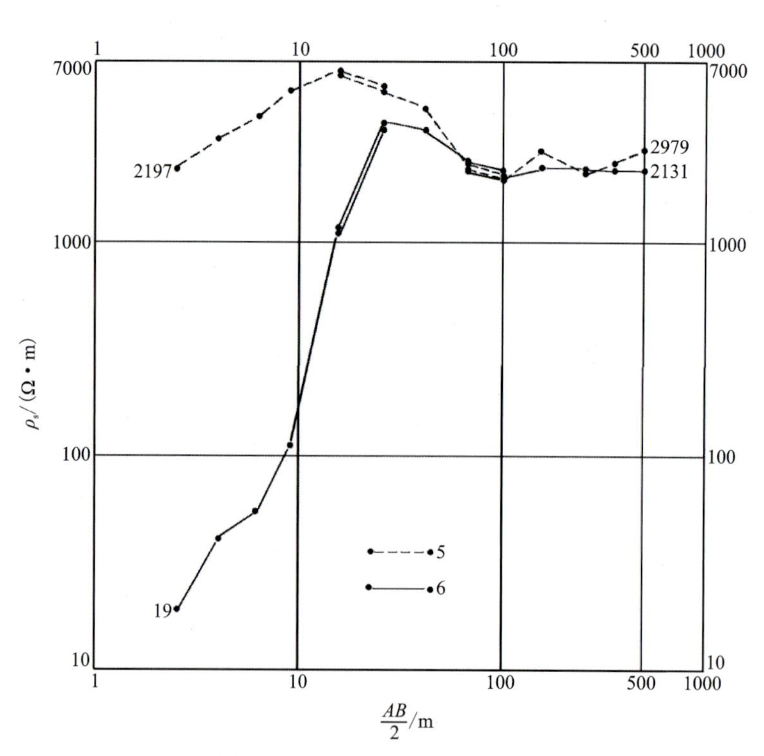

图 3-27 电测深曲线类型对比图

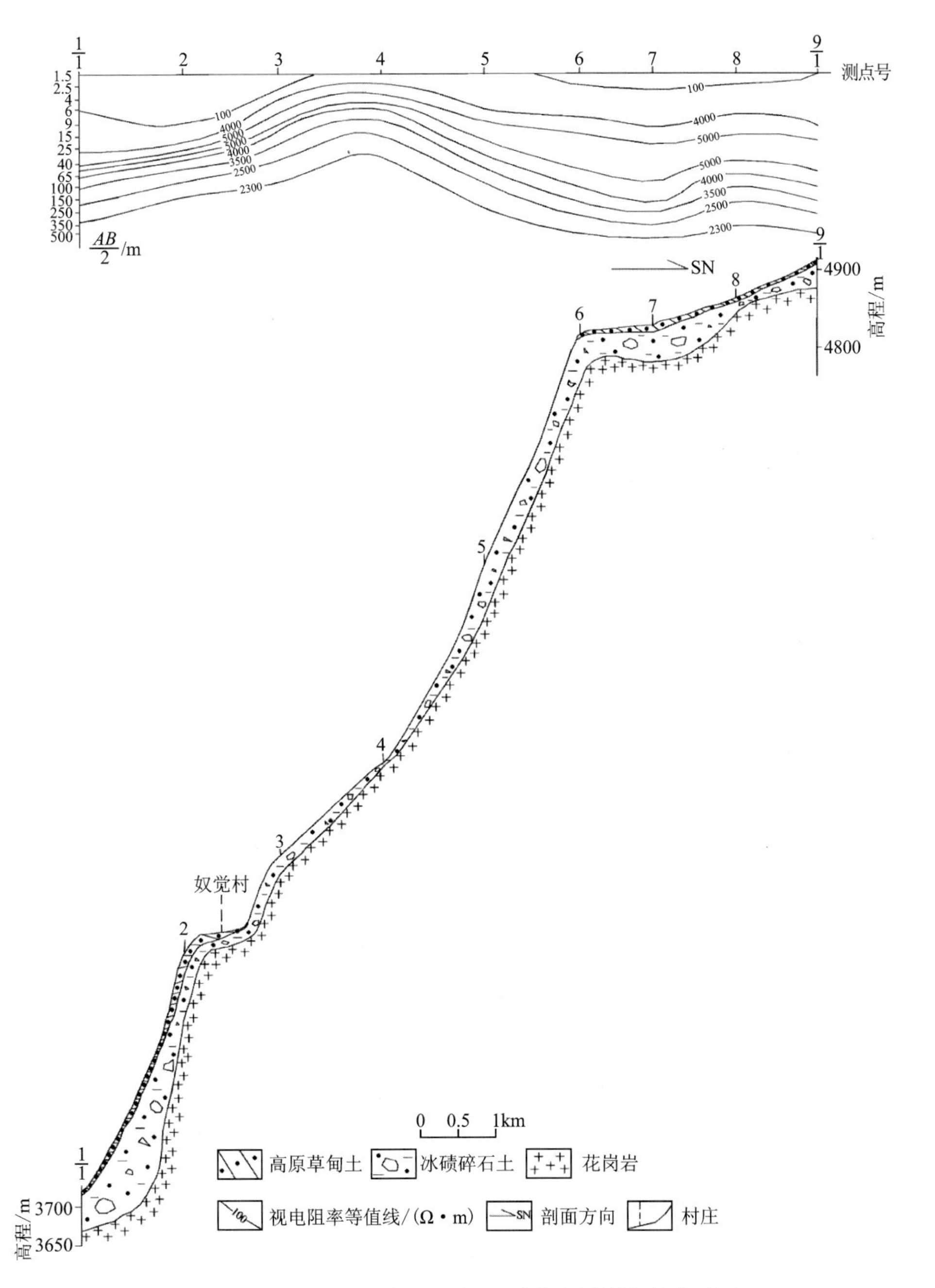

图 3-28　巴玉水电站 1#(干登)冲沟电测深推断成果图

状态。根据不同岩性地球物理特征分析可得出：沿 1#（干登）冲沟方向，自南向北，第四系厚度呈由厚（1 号点附近）变薄（2 号、3 号、4 号点附近），而后又逐渐变厚（6 号、7 号点附近），再变薄（8 号点附近）的变化规律。

二、定量解释

定量解释在定性分析的基础上进行，首先删除和圆滑处理高密度电法原始数据畸变点，对地形高程进行校正，结合区域地质和本次工作的实际情况对软件的反演深度系数进行了合理的调整，现解释如下。

1. 地层岩性结构

（1）沃卡河河口地势相对平缓，坡体及河口两岸堆积有冰碛物、坡积物，第四系松散层岩性以碎石为主，充填粉质黏土，结构松散。坡体在长期风化、冰蚀等作用下表层破碎，残坡积物、松散堆积物、沟道堆积等松散物源广泛分布，主要分布于河道内及河道两侧坡脚部位。下伏基底为完整致密的花岗岩。

（2）1#（干登）冲沟位于研究区东部雅鲁藏布江北岸，第四系松散层岩性表层为高原草甸土，岩性颗粒细、泥质含量高，厚度小于 3m；下部岩性为冰碛碎石土，岩性以冰蚀碎石、块石为主，充填粉质黏土，内部含有冰，地层岩性颗粒粗，松散。下伏基底为完整致密的花岗岩。

2. 第四系松散层厚度及范围

（1）从沃卡河口 1 号高密度电阻率断面可以看出，1～280 号点之间第四系松散层厚度 8～11m；280～420 号点之间第四系松散层逐渐变厚，为 15～40m；420～600 号点之间第四系松散层厚度 40～60m。2 号高密度电阻率断面 0～350 号点之间第四系松散层厚度 40～60m，350～540 号点之间第四系松散层厚度 7～20m，540～600 号点之间第四系松散层厚度 30～40m。在整体断面上，第四系松散层呈“U”形分布于河道两岸及山体上。

（2）3 号高密度电阻率断面分布在 1#（干登）冲沟西侧的山体上，表层为高原草甸土，岩性颗粒细，泥质含量高，厚度小于 3m；下部岩性为冰碛碎石土，碎石、块石，充填粉质黏土，内部含有冰，岩性颗粒粗，第四系松散层厚度 30～35m，广泛分布于山体之上。

（3）4 号高密度电阻率断面在奴觉村附近，1～90 号点之间第四系松散层厚度 15～25m，100～160 号点之间第四系松散层厚度 30～40m，170～220 号点之间第四系松散层厚度 10～25m，230～300 号点之间第四系松散层厚度 25～30m。整条断面第四系松散层厚度呈两边薄、中间厚的态势展布。

(4)5号高密度电阻率断面(6号测深点附近),0～300号点之间第四系松散层厚度15～35m,310～600号点之间第四系松散层厚度15～55m,整条断面呈现出南薄北厚的态势。

(5)6号高密度电阻率断面(8号测深点附近),0～140号点之间第四系松散层厚度10～18m,150～300号点之间第四系松散层厚度15～25m,310～400号点之间第四系松散层厚度20～40m,整条断面呈波浪起伏的态势变化。

(6)7号高密度电阻率断面在勘查区最北端,0～160号点之间第四系松散层厚度40～80m,170～360号点之间第四系松散层厚度25～35m,370～600号点之间第四系松散层厚度40～80m,整条断面呈现出两边厚、中间薄的态势。

(7)1#(干登)冲沟沟谷分布形态呈柳叶(细长)形,流域平均纵向长度约11.84km,宽度几十米至几百米不等,上游宽,下游较狭窄,局部形成卡口,卡口处堆积物厚度较厚。电测深剖面1号点分布在卡口处,第四系松散层厚度50～60m,随着河道逐渐变宽,第四系松散层厚度也逐渐变薄,2号、3号点和4号高密度电阻率断面均反映奴觉村附近第四系松散层厚度薄,为15～25m。4号、5号点是河谷中游段,纵坡相对平缓,4号点处在河沟地段,第四系松散层厚度小于5m,其余坡段第四系松散层厚度10～20m。6号、9号测深点处在流域冰川前缘,第四系松散层厚度在30m左右。7号点附近为明显的凹地,第四系松散层厚度50～60m,与5号高密度电阻率断面北部显示的第四系厚度相对应。8号测深点附近下伏基底隆起,第四系松散层厚度变薄至15～20m,在6号高密度电阻率断面南部,第四系松散层厚度呈明显变薄态势,其厚度与电测深曲线推断厚度一致。9号点第四系松散层厚度30～40m。在沟谷北端(7号高密度断面上显示),第四系松散层厚度在70m左右。第四系松散层主要分布于沟道及两侧山体上,分布面积在20km^2以上。

第四章

泥石流发育特征

一般来讲，泥石流有两个显著的特征，一是流体含砂量高；二是河床比降大。就含砂量而言，大多数泥石流研究者认为定为重度大于 14kN/m³ 为宜。这时，泥石流中泥砂和水的质量比接近 1。从治理工程的角度来说，泥石流流量、流速计算已明显不同于洪水，需要特殊处理。《泥石流灾害防治工程勘查规范（试行）》（T/CAGHP 006—2018）中将泥石流重度的下限定为 13kN/m³，本项研究按此标准执行。对于沟床比降，尚无明确规定，本次参照国内公认的流域面积最大的泥石流沟——甘肃武都北峪河的相关参数执行。北峪河流域面积 430km²，河床平均比降 17.7‰，也就是说沟床比降小于 17.7‰ 的沟谷一般不作为泥石流沟对待。

研究区内地质灾害较发育，主要有崩塌、滑坡、泥石流等，本次研究主要针对泥石流。研究区内规模大且对水库影响较大的主要有 1#（干登）冲沟沟口右岸残坡积堆积体、14#（朗且嘎）冲沟沟口右岸残坡积堆积体及雅鲁藏布江左岸残坡积物，在水库建成后，这些堆积体在长期的库水浸泡下极易失稳坍塌或滑移，且不同规模对拟建项目有不同程度的影响，但因它们位于泥石流沟道外且对泥石流影响小，本次不作详细调查评价，建议今后做详细勘查。本次仅对研究区内 1#（干登）、5#（朗佳 1 号）、7#（朗佳 2 号）、6#（朗新 1 号）、8#（朗新 2 号）、10#（朗新 3 号）、14#（朗且嘎）7 条泥石流冲沟及沃卡河河口进行了调查研究。沟道内的滑坡、崩塌等仅作为泥石流物源对待，对其稳定性及危害性不另作评估。

第一节 泥石流沟谷地形特征

上述 7 条泥石流沟位于青藏高原构造侵蚀高山区，区内山体陡峻，沟道比降大，沟道内两侧山体切割强烈，冲沟（支沟）发育，以下分别进行描述。

一、1#（干登）冲沟

1#（干登）冲沟位于雅鲁藏布江左岸，沟口位于下坝址上游 800m 处，流域面积 67.83km²，流域平面形态呈长方形，流域内沟谷平面形态呈柳叶（细长）形，流域平均纵向长度约 11.84km，平均宽度 5.73km。流域最高点位于奴觉村上游山体，海拔 5992m，最低点位于雅鲁藏布江江边，海拔 3640m，相对高差 2352m，平均雪线海拔 5620m。流域内支沟较发育，较大的支沟共有 9 条，小型支沟 2～4

条/km，沟壑最低点雅鲁藏布江江边海拔为3640m，密度1.9km/km²。小型支沟切割深一般为5～20m。受冰川作用影响，沟脑及两侧山体顶部为角峰，坡体坡度大于70°，中部山体坡度35°～50°，坡体下部较平滑，坡度25°～35°。流域沟脑、沟谷为一冰蚀洼地，洼地宽1.4km、长3.5km。流域冰川前缘沟道两侧为高原草甸区，地势相对平缓，奴觉村处于最平缓区，修建了一座蓄水坝。上游—中游沟谷为“U”形谷，下游沟谷为“V”形谷。主沟沟道长12.11km，沟道平均比降172‰，其中上游—中游段纵坡平缓，平均纵坡比降150‰，而下游至雅鲁藏布江入口段纵坡较陡，纵坡比降350‰～400‰。沟谷中上游较为宽阔，下游较狭窄，形成宽窄相间的变化特点，局部形成卡口，为泥石流工程治理设低坝、谷坊等拦挡工程提供了有利地形条件(图4-1)。

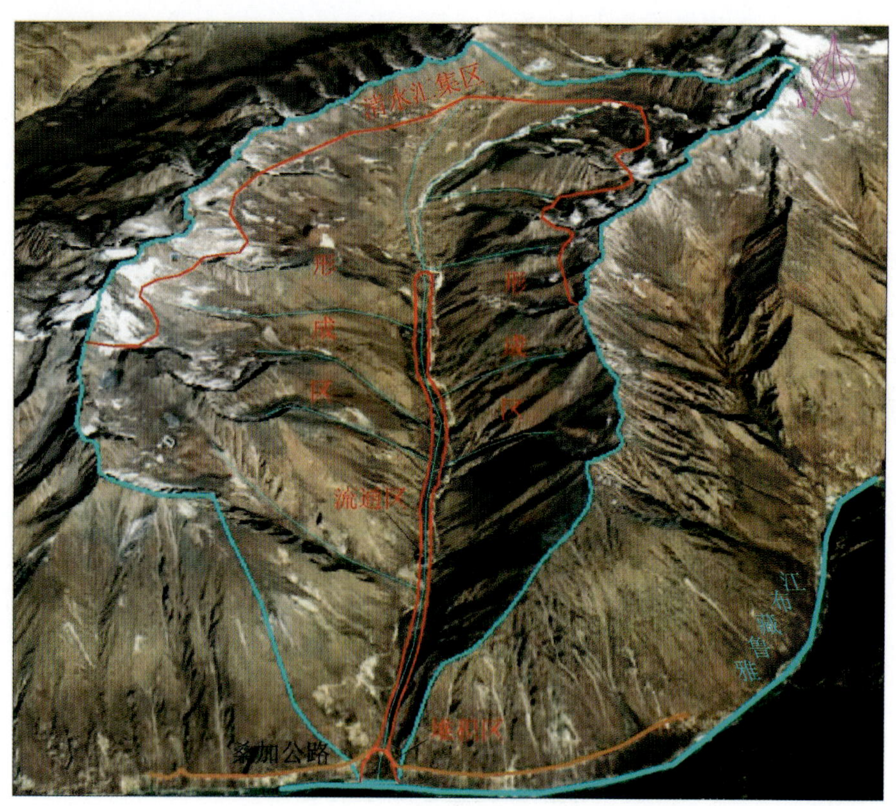

图4-1　1#(干登)泥石流沟分布特征图

因奴觉水库位置地形平缓，地势开阔，1#(干登)冲沟在该处形成了一块沟道洪积扇，水库位于洪积扇上，近年来沟道内未曾暴发过泥石流，水库内淤积的固体物质少，调查期间水库内水体清澈见底。

二、5♯(朗佳1号)冲沟

5♯(朗佳1号)冲沟位于雅鲁藏布江左岸，沟口位于中坝址上游2400m处，流域面积1.84km^2，流域平面形态呈柳叶(细长)形，流域平均纵向长度约3.5km，平均宽度0.53km(图4-2)。流域最高点位于沟脑后部峰顶，海拔5635m，最低点位于雅鲁藏布江江边，海拔3467m，相对高差2168m。平均雪线海拔5560m。流域发育有2条支沟，位于沟脑位置，两条支沟交汇形成5♯(朗佳1号)冲沟主沟道。坡体比降220‰～300‰。流域沟脑上部为冰碛物，流域沟谷为“V”形谷。主沟沟道长2.28km，沟道平均比降514‰，下游至雅鲁藏布江入口段纵坡较陡，纵坡比降750‰。

图4-2 5♯(朗佳1号)泥石流沟分布特征图

三、7♯(朗佳2号)冲沟

7♯(朗佳2号)冲沟位于雅鲁藏布江左岸，沟口位于上坝址上游3500m处，流域面积7.86km^2，流域平面形态呈桃叶(中部较宽)形，流域长度约5.1km，平均宽度1.54km。流域最高点位于沟脑后部峰顶，海拔5992m，相对高差2460m(图4-3)。平均雪线海拔5600m流域发育有2条较大的支沟，位于沟脑，2条支沟交汇形成 7#(朗佳 2 号)冲沟主沟道。坡体比降 600‰~700‰。流域沟脑上部为冰碛物,沟谷为“V”形谷。主沟沟道长 2.09km,沟道平均比降 347‰,下游至雅鲁藏布江入口段纵坡较陡,沟口形成一处跌水。

四、6#(朗新 1 号)冲沟

6#(朗新 1 号)冲沟位于雅鲁藏布江右岸,沟口位于中坝址上游 200m 处,流域面积 1.45km^2,流域平面形态呈柳叶(细长)形,流域长度约 2.3km,平均宽度 0.67km。流域最高点位于沟脑后部峰顶,海拔 4840m,低于多年雪线平均海拔,相对高差 1368m(图 4-4)。流域内支沟不甚发育,后缘坡体汇流逐渐形成 6#(朗新 1 号)冲沟主沟道。坡体比降 150‰~300‰。流域沟脑上部为冰碛物,流域沟谷为“V”形谷。主沟沟道长 1.71km,沟道平均比降 603‰,下游至雅鲁藏布江入口段纵坡较陡,局部地段有跌水。

图 4-3 7#(朗佳 2 号)泥石流沟分布特征图

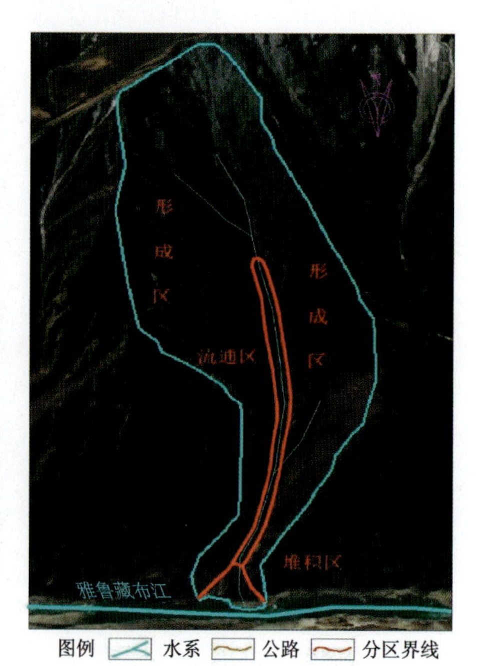

图 4-4 6#(朗新 1 号)泥石流沟分布特征图

五、8#(朗新 2 号)冲沟

8#(朗新 2 号)冲沟位于雅鲁藏布江右岸,沟口位于中坝址上游 1000m 处,流域面积 3.17km^2,流域平面形态呈柳叶(细长)形,流域长度约 4.04km,平均宽度

0.78km。流域最高点位于沟脑后部峰顶，海拔 5800m，相对高差 2333m(图 4-5)。平均雪线海拔 5560m. 流域内支沟不甚发育，后缘坡体汇流逐渐形成 8＃(朗新 2 号)冲沟主沟道。流域沟脑上部为冰碛物和岩屑坡。坡体比降 400‰～500‰。流域沟谷为“V”形谷。主沟沟道长2.36km，沟道平均比降 628‰，下游至雅鲁藏布江入口段纵坡较陡，局部地段有跌水。

六、10＃(朗新 3 号)冲沟

10＃(朗新 3 号)冲沟位于雅鲁藏布江右岸，沟口位于中坝址上游 1800m 处，流域面积 4.12km²，流域平面形态呈柳叶(细长)形，流域长度约 4.34km，平均宽度 0.95km。流域最高点位于沟脑后部峰顶，海拔 5716m，相对高差 2248m(图 4-6)。平均雪线海拔 5540m。流域内支沟不甚发育，后缘坡体汇流逐渐形成 10＃(朗新 3 号)冲沟主沟道。流域沟脑上部为石冰川。坡体比降 300‰～400‰。流域沟谷为“V”形谷。主沟沟道长 3.5km，沟道平均比降 509‰，下游至雅鲁藏布江入口段纵坡较陡，局部地段有跌水。

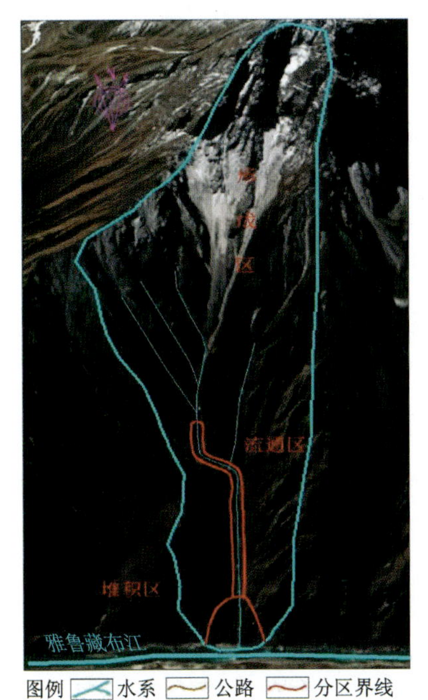

图 4-5　8＃(朗新 2 号)泥石流沟分布特征图

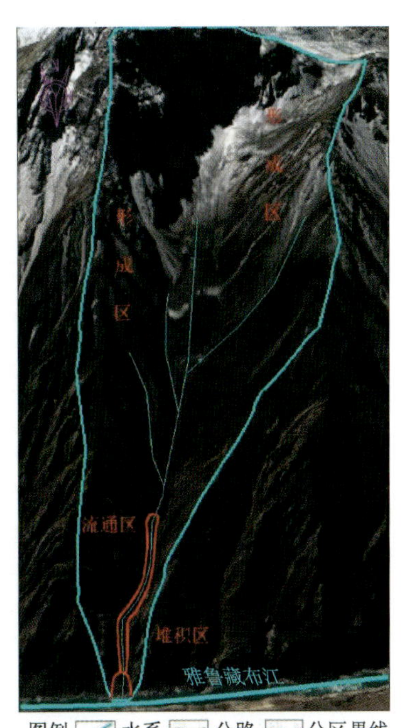

图 4-6　10＃(朗新 3 号)泥石流沟分布特征图

七、14#(朗且嘎)冲沟

14#(朗且嘎)冲沟位于雅鲁藏布江右岸,沟口位于下坝址上游300m处,流域面积24.09km²,流域平面形态呈长方形,沟谷平面形态呈柳叶(细长)形,流域平均纵向长度约6.5km,平均宽度3.71km。流域最高点位于沟脑右侧峰脊,海拔5577m,相对高差2097m(图4-7)。平均雪线海拔5480m。流域内支沟较发育,较大的支沟共有4条,小型支沟2条/km,沟壑密度1.2km/km²。小型支沟切割深一般为5~20m。受冰川作用影响,沟脑及两侧山体顶部为角峰,坡体坡度大于70°。流域沟脑沟谷为一冰蚀洼地,洼地宽0.7km、长1.4km。流域冰川前缘沟道两侧为高原草甸区。地势上游—中游沟谷为"U"形谷,下游沟谷为"V"形谷。主沟沟道长5.45km,沟道平均比降333‰,其中上游—中游段纵坡平缓,平均纵坡比降318‰,而下游至雅鲁藏布江入口段纵坡较陡,纵坡比降600‰~700‰,沟谷中上游较为宽阔,下游较狭窄,见表4-1。

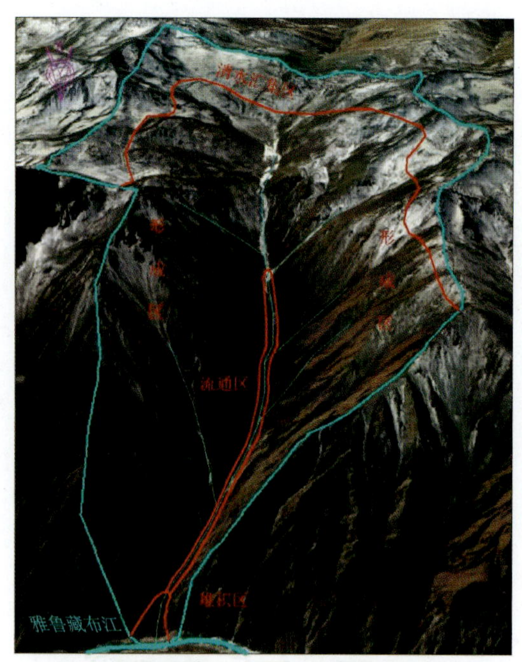

图例 水系 公路 分区界线

图4-7 14#(朗且嘎)泥石流沟分布特征图

表 4-1　泥石流沟谷地形特征一览表

冲沟编号	流域面积/km^2	流域相对高差/m	主沟长/km	流域形态	沟槽形态	形成区比降/‰	流通区比降/‰	堆积区比降/‰	坡体坡度/‰	沿途泥砂补给长度/km	河床堵塞程度	与中坝址距离/m	沟口堵塞程度
1#（干登）	67.83	2352	12.11	柳叶形	上游“U”形、下游“V”形	57	172	239	377	9.7	轻微	410	沟口堵塞轻微，沟道狭窄，两岸基岩山坡近直立，修建有一过水涵洞
5#（朗佳1号）	1.84	2168	2.28	柳叶形	“V”形	712	541	750	256	9.1	轻微	2476	沟口堵塞轻微，沟口处为桑加公路，修建有一过水涵洞

续表 4-1

冲沟编号	流域面积/km^2	流域相对高差/m	主沟长/km	流域形态	沟槽形态	形成区比降/‰	流通区比降/‰	堆积区比降/‰	坡体坡度/‰	沿途泥砂补给长度/km	河床堵塞程度	与中坝址距离/m	沟口堵塞程度
7#（朗佳2号）	7.86	2460	2.09	桃叶形	"V"形，下游有跌水	457	347	445	699	9.2	轻微	5883	沟口堵塞轻微，沟口处为桑加公路，修建有一过水涵洞，有一跌水，高约30m
6#（朗新1号）	1.45	1368	1.71	柳叶形	"V"形，下游有跌水	586	603	525	194	5.4	轻微	306	沟口堵塞轻微，沟口处堆积有小型堆积扇，以碎石、块石为主

续表 4-1

冲沟编号	流域面积/km^2	流域相对高差/m	主沟长/km	流域形态	沟槽形态	形成区比降/‰	流通区比降/‰	堆积区比降/‰	坡体坡度/‰	沿途泥砂补给长度/km	河床堵塞程度	与中坝址距离/m	沟口堵塞程度
8#（朗新2号）	3.17	2333	2.36	柳叶形	“V”形，下游有跌水	350	628	590	438	7.2	轻微	1002	沟口堵塞轻微，无明显堆积扇
10#（朗新3号）	4.12	2248	3.5	柳叶形	“V”形，下游有跌水	318	509	643	280	7.1	轻微	1640	沟口堵塞轻微，沟口处堆积有小型堆积扇，以碎石、块石为主
14#（朗且嘎）	24.09	2097	5.45	长方形	上游“U”形、下游“V”形	46	333	268	697	7.6	轻微	3172	沟口堵塞轻微，沟口处堆积扇呈锥体，以碎石、块石为主

第二节　流域内不良地质现象及松散物源发育状况

研究区内不良地质现象发育，由于冰川作用、地震及构造运动的强烈影响，沟道松散物源物质十分丰富，类型多样，分布广泛，数量巨大。松散物质主要有冰碛物、各类堆积物、石冰川、融冻泥石流、岩屑坡等。

一、岩屑坡、石冰川及融冻泥石流

研究区内岩屑坡、石冰川、融冻泥石流等松散物源广泛分布，因冰川作用影响，部分山体经冰雪拔蚀成岩屑坡，在气温升高、冰雪消融的作用下失稳，并向下缓缓滑移形成坡面型融冻泥石流，其形态为锥状堆积体，呈推移状向坡脚运移。调查期间融冻痕迹明显，堆积体主要分布于各冲沟沟脑及沟脑山坡坡体上，坡度为300‰～400‰。根据天然剖面和山坡坡度调查结果，结合物探报告和现场坑探估算，堆积厚度3～20m不等，岩性以冰蚀碎石、块石为主，充填粉质黏土，结构松散，内部含有冰，下部为坡体原岩——花岗岩。它们在近期冰雪消融影响下向前缘滑动，新的滑动堆积物堆积于老堆积物上部，堆积界线明显。滑移过程中水流速度大于石块运动速度，含水率沿程逐渐减小，抗剪强度、内摩擦角等物理力学性能参数逐渐增大，导致滑移逐渐减弱，最终停积在斜坡上。这类松散物自身内摩擦角及黏聚力小，物理力学性能差，在内部所含水分冻结及上部冰雪消融的外界条件影响下容易失稳再次向前蠕滑，在气温升高较大的情况下极易沿原岩面全部滑移，最终堆积在下部沟道或冰蚀洼地。直接堆积于泥石流沟道内的松散物将直接参与泥石流活动(图4-8、图4-9)，而堆积于冰蚀洼地及滑移后仍处于坡体的松散物源不直接参与泥石流活动，在新一次滑移过程中如果滑移至沟道将会参与下一次泥石流活动。研究区各沟谷泥石流松散物源统计见表4-2。

二、残坡积物、松散堆积物、沟道堆积物

研究区内残坡积物、松散堆积物、沟道堆积等松散物源广泛分布，主要分布于研究区各沟沟道内及沟道两侧坡脚部位。另外，1#(干登)冲沟及14#(朗且嘎)冲沟沟脑部位堆积有冰碛物。坡体在长期风化、冰蚀等作用影响下表层破

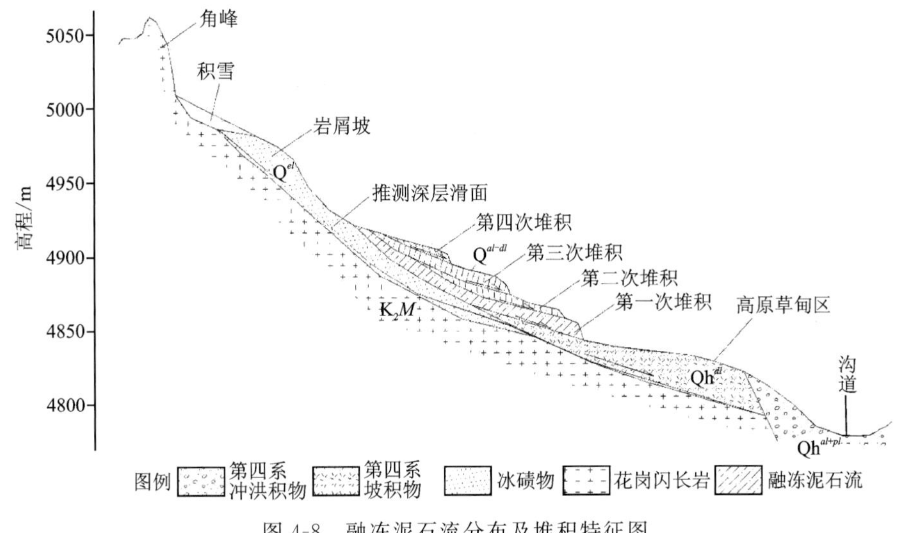

图 4-8　融冻泥石流分布及堆积特征图

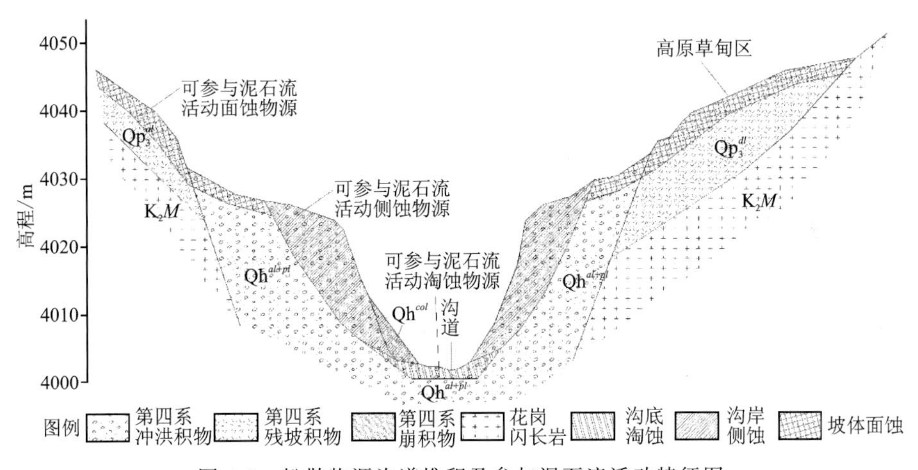

图 4-9　松散物源沟道堆积及参与泥石流活动特征图

碎，在流水及重力等作用下搬运至沟道低洼处沿坡脚堆积。根据布设探井、调查天然剖面和山坡坡度推测其堆积厚度不等，部分沟道堆积根据物探解译大于90m，岩性以碎石为主，粉质黏土充填，结构松散。堆积于沟道内的部分松散物源在长期水流作用下或切割或堆积形成现有沟道。该部分松散物源是各冲沟泥石流活动的主要物源，可能直接参与泥石流活动的方式有沟岸侧蚀及沟底淘蚀。

表 4-2 研究区各沟谷泥石流松散物源统计表

序号	编号	长度/m	宽度/m	坡向/(°)	表面坡度/‰	中心体距沟道距离/m	面积/m^2	现状特征	平均厚度/m	体积/$10^4 m^3$	参与泥石流活动总量/$10^4 m^3$
一	1#(干登)冲沟									31 168.37	1 941.29
1	岩屑坡									1 355.39	587.76
①	岩屑坡 N-3	464	363	126.0	794.00	2 194.00	168 614	冻结	3.6	60.70	30.35
②	岩屑坡 N-4	667	403	113.0	615.00	1 719.00	268 600	冻结	2.7	72.52	26.86
③	岩屑坡 N-5	826	932	50.0	717.00	1 751.00	770 030	冻结	4.6	354.21	123.20
④	岩屑坡 N-6	891	301	100.0	482.00	2 375.00	268 331	冻结	5.8	155.63	26.83
⑤	岩屑坡 N-7	764	376	224.0	589.00	1 077.00	164 376	冻结	2.8	46.03	16.44
⑥	岩屑坡 N-8	614	468	306.0	406.00	1 336.51	53 025	冻结	3.8	20.15	7.95
⑦	岩屑坡 N-9	484	95	283.0	145.00	1 875.00	28 666	冻结	3.5	10.03	0.00
⑧	岩屑坡 N-10	346	97	297.0	636.00	1 763.00	158 965	冻结	3.7	58.82	28.90

续表 4-2

序号	编号	长度/m	宽度/m	坡向/(°)	表面坡度/‰	中心体距沟道距离/m	面积/m²	现状特征	平均厚度/m	体积/10⁴ m³	参与泥石流活动总量/10⁴ m³
⑨	岩屑坡 N-11	610	261	268.0	639.00	1 715.00	326 685	冻结	4.4	143.74	58.80
⑩	岩屑坡 N-12	740	469	310.0	595.00	1 673.00	47 265	冻结	2.5	11.82	0.00
⑪	岩屑坡 N-13	723	167	305.0	553.00	1 548.00	223 902	冻结	3.2	71.65	41.35
⑫	岩屑坡 N-14	749	289	295.0	668.00	1 159.00	946 184	冻结	3.7	350.09	227.08
2	石冰川									15 132.48	693.71
①	石冰川 N-4	1980	424	53.0	283.00	1 995.00	359 643	松散冻结	14.3	514.29	36.77
②	石冰川 N-5	1780	381	84.0	293.00	3 193.00	1 137 297	松散冻结	15.2	1 728.69	0.00
③	石冰川 N-6	1785	313	64.0	291.00	1 749.00	393 407	松散冻结	12.9	507.49	41.47
④	石冰川 N-7	718	418	132.0	515.00	1 243.00	651 533	松散冻结	10.2	664.56	62.12
⑤	石冰川 N-8	1048	268	135.0	496.00	1 681.00	838 851	松散冻结	13.3	1 115.67	85.11

续表 4-2

序号	编号	长度/m	宽度/m	坡向/(°)	表面坡度/‰	中心体距沟道距离/m	面积/m^2	现状特征	平均厚度/m	体积/$10^4 m^3$	参与泥石流活动总量/$10^4 m^3$
⑥	石冰川N-9	1140	594	142.0	389.00	1 740.00	677 618	松散冻结	18.8	1 273.92	54.21
⑦	石冰川N-10	923	539	126.0	495.00	1 449.00	497 233	松散冻结	11.7	581.76	39.78
⑧	石冰川N-11	892	283	96.0	280.00	1 920.00	252 638	松散冻结	12.3	310.74	30.21
⑨	石冰川N-12	1282	372	78.0	196.00	1 291.00	476 523	松散冻结	16.8	800.56	38.12
⑩	石冰川N-13	382	319	42.0	270.00	757.00	122 028	松散冻结	18.5	225.75	9.76
⑪	石冰川N-14	1329	286	302.0	184.00	1 854.00	379 644	松散冻结	17.8	675.77	30.37
⑫	石冰川N-15	1086	298	322.0	356.00	718.00	323 968	松散冻结	14.8	479.47	25.92
⑬	石冰川N-16	1778	329	288.0	241.00	1 495.00	585 338	松散冻结	20.5	1 199.94	46.83
⑭	石冰川N-17	1266	470	285.0	268.00	1 708.00	595 627	松散冻结	19.2	1 143.60	47.65
⑮	石冰川N-18	1665	244	282.0	366.00	1 530.00	406 392	松散冻结	17.8	723.38	32.51

续表 4-2

序号	编号	长度/m	宽度/m	坡向/(°)	表面坡度/‰	中心体距沟道距离/m	面积/m^2	现状特征	平均厚度/m	体积/$10^4 m^3$	参与泥石流活动总量/$10^4 m^3$
⑯	石冰川 N-19	1450	280	306.0	337.00	1 600.00	405 662	松散冻结	21.2	860.00	36.45
⑰	石冰川 N-20	1152	902	292.0	300.00	1 790.00	1 038 777	松散冻结	22.4	2 326.86	76.43
3	融冻泥石流									802.68	16.74
①	融冻泥石流 N-4	879	350	308.0	197.00	997.00	307 924	冻结堆积	8.3	255.58	9.24
②	融冻泥石流 N-5	607	145	265.0	305.00	636.00	88 990	冻结堆积	13.7	121.92	2.67
③	融冻泥石流 N-6	950	254	112.0	315.00	813.00	241 582	冻结堆积	17.6	425.18	4.83
4	坡积物									84.71	19.55
①	坡积物 N-1	1367	238	156.0	239.00	3 503.00	325 815	松散堆积	2.6	84.71	19.55
5	松散堆积物									13 525.23	541.10
①	松散堆积物 N-3	1123	332	68.0	508.00	2 959.00	374 640	松散堆积	16.8	629.39	22.48

续表 4-2

序号	编号	长度/m	宽度/m	坡向/(°)	表面坡度/‰	中心体距沟道距离/m	面积/m^2	现状特征	平均厚度/m	体积/10^4m^3	参与泥石流活动总量/10^4m^3
②	松散堆积物N-4	914	325	44.0	394.00	3 493.00	267 929	松散堆积	15.3	409.93	16.08
③	松散堆积物N-5	879	697	50.0	421.00	4 097.00	584 079	松散堆积	13.7	800.19	0.00
④	松散堆积物N-6	195	350	122.0	821.00	4 182.00	68 209	松散堆积	7.8	53.20	0.00
⑤	松散堆积物N-7	2070	557	72.0	358.00	2 306.00	1 150 347	松散堆积	18.3	2 105.13	69.02
⑥	松散堆积物N-8	1986	603	127.0	388.00	3 022.00	1 196 679	松散堆积	15.8	1 890.75	71.80
⑦	松散堆积物N-9	1742	1377	125.0	333.00	2 242.00	2 413 698	松散堆积	12.6	3 041.26	144.82
⑧	松散堆积物N-10	617	455	297.0	335.00	1 764.00	280 794	松散堆积	13.4	376.26	0.00
⑨	松散堆积物N-11	1917	413	282.0	181.00	1 405.00	791 119	松散堆积	14.7	1 162.95	47.47
⑩	松散堆积物N-12	1874	948	276.0	296.00	1 826.00	1 776 367	松散堆积	10.6	1 882.95	106.58
⑪	松散堆积物N-13	1221	858	273.0	259.00	2 652.00	1 047 509	松散堆积	11.2	1 173.21	62.85

续表 4-2

序号	编号	长度/m	宽度/m	坡向/(°)	表面坡度/‰	中心体距沟道距离/m	面积/m^2	现状特征	平均厚度/m	体积/$10^4 m^3$	参与泥石流活动总量/$10^4 m^3$
6	沟道堆积物									267.88	82.43
①	沟道堆积物N-4	65 210	16	183.0	148.00		1 030 318	松散堆积	2.6	267.88	82.43
二	5#(朗佳1号)冲沟									80.88	26.07
1	融冻泥石流									42.96	12.72
①	融冻泥石流N-3	776	36	172.0	658.00	512.00	28 264	冻结堆积	15.2	42.96	12.72
2	岩屑坡									35.08	11.80
①	岩屑坡N-2	618	111	187.0	550.00	559.00	134 929	冻结	2.6	35.08	11.80
3	沟道堆积物									2.84	1.55
①	沟道堆积物N-2	3000	4	175.0	471.00		12 900	松散堆积	2.2	2.84	1.55
三	7#(朗佳2号)冲沟									1 369.11	119.94
1	松散堆积物									362.66	96.97

续表 4-2

序号	编号	长度/m	宽度/m	坡向/(°)	表面坡度/‰	中心体距沟道距离/m	面积/m^2	现状特征	平均厚度/m	体积/$10^4 m^3$	参与泥石流活动总量/$10^4 m^3$
①	松散堆积物N-1	752	70	168.0	745.00	1 089.00	52 311	松散堆积	18.7	97.82	31.84
②	松散堆积物N-2	1420	225	225.0	872.00	880.00	319 076	松散堆积	8.3	264.83	65.13
2	石冰川									995.75	17.78
①	石冰川N-1	1527	201	191.0	458.00	1 838.00	267 241	松散冻结	8.4	224.48	5.34
②	石冰川N-2	1947	373	204.0	544.00	1 997.00	621 990	松散冻结	12.4	771.27	12.44
3	沟道堆积物									10.70	5.19
①	沟道堆积物N-3	4770	7	182.0	438.00		32 436	松散堆积	3.3	10.70	5.19
四	6#(朗新1号)冲沟									42.73	12.53
1	岩屑坡									40.61	11.43
①	岩屑坡S-1	1560	475	348.0	718.00	574.00	145 045	冻结	2.8	40.61	11.43
2	沟道堆积物									2.12	1.10

续表 4-2

序号	编号	长度/m	宽度/m	坡向/(°)	表面坡度/‰	中心体距沟道距离/m	面积/m^2	现状特征	平均厚度/m	体积/$10^4 m^3$	参与泥石流活动总量/$10^4 m^3$
①	沟道堆积物 S-2	2000	5	21.0	657.00		9200	松散堆积	2.3	2.12	1.10
五	8#(朗新 2 号)冲沟									184.83	30.08
1	岩屑坡									176.04	25.96
①	岩屑坡 S-2	1128	128	5.0	683.00	1 130.00	489 000	冻结	3.6	176.04	25.96
2	沟道堆积物									8.79	4.12
①	沟道堆积物 S-3	3520	8	341.0	608.00		27 456	松散堆积	3.2	8.79	4.12
六	10#(朗新 3 号)冲沟									2 147.47	128.46
1	岩屑坡									716.00	27.06
①	岩屑坡 S-3	2178	693	5.0	541.00	1 915.00	1 510 019	冻结	4.5	679.51	18.85
②	岩屑坡 S-4	702	186	48.0	687.00	1 191.00	130 332	冻结	2.8	36.49	8.21
2	石冰川										
①	石冰川 N-21	2114	278	30.0	512	2210	599 124	冻结	23.6	1 413.93	95.21

续表 4-2

序号	编号	长度/m	宽度/m	坡向/(°)	表面坡度/‰	中心体距沟道距离/m	面积/m^2	现状特征	平均厚度/m	体积/$10^4 m^3$	参与泥石流活动总量/$10^4 m^3$
2	沟道堆积物									17.54	6.19
①	沟道堆积物S-4	4160	12	5.0	391.00		51 584	松散堆积	3.4	17.54	6.19
七	14#(朗且嘎)沟									4 266.01	612.37
1	岩屑坡									392.17	78.28
①	岩屑坡S-5	1116	243	312.0	434.00	1 228.00	146 153	冻结	3.7	54.08	0.00
②	岩屑坡S-6	866	205	278.0	624.00	945.00	171 136	冻结	2.8	47.92	0.00
③	岩屑坡S-7	1253	376	352.0	686.00	495.00	150 319	冻结	2.4	36.08	12.03
④	岩屑坡S-8	1253	219	96.0	583.00	1 133.00	468 566	冻结	1.8	84.34	14.06
⑤	岩屑坡S-9	1372	223	98.0	598.00	1 257.00	258 306	冻结	2.6	67.16	20.66
⑥	岩屑坡S-10	1141	209	94.0	649.00	1 438.00	316 988	冻结	2.1	66.57	22.19
⑦	岩屑坡S-11	713	187	73.0	265.00	933.00	133 451	冻结	2.7	36.03	9.34

续表 4-2

序号	编号	长度/m	宽度/m	坡向/(°)	表面坡度/‰	中心体距沟道距离/m	面积/m^2	现状特征	平均厚度/m	体积/$10^4 m^3$	参与泥石流活动总量/$10^4 m^3$
2	松散堆积物									3 314.75	449.27
①	松散堆积物S-1	438	157	294.0	822.00	1 573.00	216 232	松散堆积	15.8	341.65	0.00
②	松散堆积物S-2	1063	282	52.0	433.00	1 104.00	367 142	松散堆积	12.4	455.26	73.43
③	松散堆积物S-3	1839	194	44.0	272.00	1 679.00	343 313	松散堆积	16.4	563.03	68.66
④	松散堆积物S-4	912	185	278.0	285.00	176.00	169 029	松散堆积	8.6	145.37	103.56
⑤	松散堆积物S-5	461	255	291.0	336.00	195.00	117 452	松散堆积	10.7	125.67	70.47
⑥	松散堆积物S-6	730	296	254.0	289.00	938.00	215 991	松散堆积	9.3	200.87	43.20
⑦	松散堆积物S-7	1224	367	265.0	199.00	867.00	449 760	松散堆积	10.6	476.75	89.95
⑧	松散堆积物S-8	946	353	262.0	237.00	1 236.00	333 760	松散堆积	12.6	420.54	0.00
⑨	松散堆积物S-9	1543	447	276.0	405.00	1 949.00	688 970	松散堆积	8.5	585.62	0.00

续表 4-2

序号	编号	长度/m	宽度/m	坡向/(°)	表面坡度/‰	中心体距沟道距离/m	面积/m^2	现状特征	平均厚度/m	体积/$10^4 m^3$	参与泥石流活动总量/$10^4 m^3$
3	沟道堆积物									45.66	10.15
①	沟道堆积物S-6	7550	17	45.0	233.00		126 840	松散堆积	3.6	45.66	10.15
4	融冻泥石流									513.42	74.67
①	融冻泥石流S-7	1106	235	352.0	160.00	450.00	259 421	冻结堆积	14.5	376.16	57.07
②	融冻泥石流S-8	965	122	282.0	242.00	573.00	117 320	冻结堆积	11.7	137.26	17.60

(1)沟岸侧蚀。因长期水流切割作用,沟道内部分地段沿沟道走向形成陡坎,坡度较陡,当沟道内流量增大时侵蚀沟岸,而当降水量增大时,由于含水率增大造成坍塌,坍塌堆积物将直接补给泥石流活动。

(2)沟底淘蚀。流量增大时,水流冲刷强度增大,首先携带颗粒较细的物质形成高含砂洪水,从而导致淘蚀搬运能力的增强。加之沟道内堆积的松散物结构松散,它们在高含砂水流的作用下大量启动而参与泥石流活动。

松散固体物质数量是地质环境条件综合作用的结果,也是地质环境条件复杂程度的集中体现。但是大量松散固体物源究竟能否成为泥石流物源,还要看它的分布位置及水流的遭遇方式。一般来说,松散固体物质越集中分布,且严重挤压沟床,甚至堵塞沟道者,越容易参与泥石流活动。从分布位置来说,松散固体物质越是靠近下游,越利于形成泥石流。一是因为流程短,容易出沟;二是因为下游地带洪水流量更大。从本区各沟泥石流松散固体物质的分布特点来看,它们大多分布在海拔 5000m 左右的冰川作用区,这里地形开阔平坦,上游集水面积较小,且多以降雪为主,所以分布在源头的各类松散物质参与泥石流活动的数量有限,这也是本区各沟内松散物质十分丰富但泥石流活动不是很频繁的主要原因。当然,这还与本区内暴雨较少有关。

第三节 泥石流的类型及分布特征

一、泥石流的类型划分

泥石流的类型可按形成的水源成因、物源成因、集水区地貌特征、暴发频率、物质组成、流体性质及一次性暴发规模等条件进行划分。根据调查，区内各沟谷泥石流形成的水源成因主要有降水及冰雪消融，但降水为主导因素，因此本区发育以降水为主的混合型泥石流。物源成因主要为侵蚀性成因的各类堆积物。根据洪积扇特征及泥位调查，近几年区内未见泥石流暴发痕迹，暴发频率低。泥石流的物质组成以碎石、块石为主，黏粒含量小，所以为稀性泥石流，规模为中—小型。研究区内各沟谷泥石流分类见表4-3。

表4-3 研究区内各沟谷泥石流分类

冲沟编号	泥石流类型	沟谷编号	泥石流类型
1#(干登)泥石流	暴雨侵蚀低频沟谷型稀性中型泥石流	5#(朗佳1号)泥石流	暴雨侵蚀低频沟谷型稀性小型泥石流
7#(朗佳2号)泥石流	暴雨侵蚀低频沟谷型稀性小型泥石流	6#(朗新1号)泥石流	暴雨侵蚀低频沟谷型稀性小型泥石流
8#(朗新2号)泥石流	暴雨侵蚀低频沟谷型稀性小型泥石流	10#(朗新3号)泥石流	暴雨侵蚀低频沟谷型稀性小型泥石流
14#(朗且嘎)泥石流	暴雨侵蚀低频沟谷型稀性中型泥石流		

二、泥石流分区特征

研究区内发育典型稀性泥石流沟，形成区及流通区特征不甚明显，但泥石流沟流通区特征及堆积区特征十分明显。根据泥石流分布特征，研究区内各沟谷可划分为形成区、流通区和堆积区。1#(干登)及14#(朗且嘎)冲沟沟脑上部为基岩山坡，下部堆积物分布区地形平缓，局部形成洼地，松散物启动相对困难，该区域主要为泥石流活动提供水源，所以将形成区划分为清水汇集区和固体物源补给区。

（一）形成区

1. 清水汇集区

1#（干登）冲沟及14#（朗且嘎）冲沟沟脑为冰川冰缘区，总体地形开阔平坦，上部为基岩山坡，下部为坡度平缓的堆积物，局部形成洼地，松散物启动相对困难。该区域参与泥石流活动的主要为汇集水流，所以在形成区中又划分出清水汇集区。清水汇集区主要分布于沟道沟脑，呈面状分布。山顶为角峰，出露的岩性山体部分为花岗闪长岩，坡体较陡，坡度为45°～70°，在45°左右坡体为冰蚀岩屑坡，冰蚀平台内高低不平，局部为洼地，岩性为冰碛物，以块石、碎石为主，充填粉质黏土，局部地段围积成冰湖、冰斗等微地貌，冰蚀平台整体走势向沟道汇集，强降水及冰雪消融后的清水均汇集于沟道内。该区地质灾害不发育，因处于高海拔地区，几乎常年覆盖冰雪，未见植被生长，松散物储量虽较大，但基本不参与泥石流活动，仅有少数松散物质以融冻泥石流的形式进入沟道，参与泥石流活动。

2. 固体物源补给区

研究区内各沟道上游地段（清水汇集区除外）划分为泥石流形成固体物源补给区，呈面状分布。本区内松散物储量主要分布在沟道两侧山体、坡脚地带和支沟沟口。上游汇集的洪水到达本区后，产生强烈的冲刷、侧蚀，岸坡易变形失稳坍塌，部分地段产生滑移，沿途汇入大量松散固体物质，最终演变成泥石流流体。在向下运移的过程中，流量不断增大，流速加快，容重增大，以更大的侵蚀搬运能力，将斜坡重力堆积物、沟床松散物一起搬运到洪流之中并输送到下游，进入流通段沟道。

（1）沟道两侧山体。本区山体分布在海拔4500m以上地带，大部分地段地势陡峻，出露的岩性为花岗闪长岩，表层风化物已全被搬运至坡脚堆积，本身不为泥石流提供松散物源。海拔4500m以下地段山坡相对平缓，坡度15°～30°。表层为高原草甸，植被覆盖率15%～30%。岩性以碎石为主，充填粉质黏土。植被覆盖在一定程度上减少了雨水冲刷，但因温差变化大，冻融互替，植物根系大多数被冻断，但仍存在表层松散物侵蚀现象。该区地质灾害相对发育，部分较陡地段会受降雨影响松散物质沿基岩面向沟道产生滑移，滑移至沟道中将参与泥石流活动。海拔4500m以上山体因冰雪拔蚀作用，分布有大量的岩屑坡，岩屑坡罕见植被生长，表层岩性为碎石、块石，现阶段因孔隙水影响冻结于坡体上部，在冰雪消融及降水影响下向沟道内蠕滑，在气温增高及降雨影响下甚至可能沿基岩面全部滑动至沟道中而参与泥石流活动，该部分固体物质储量较大。另外，该区的松散岩土体面蚀、小型支沟冲蚀等也较发育，为泥石流形成提供了固体物质来源。

(2)沟道两侧坡脚堆积带。区内构造及地震活动强烈，花岗闪长岩本身比较破碎，在冰雪拔蚀及风化作用下脱离母岩，靠雨水冲刷及重力作用滑移至山坡坡脚堆积，堆积的花岗岩碎屑松散，透水性好。该层固体物质储量较大，因水流对坡脚冲蚀作用形成高 5～15m 不等的近直立陡坎，有些在冲蚀作用下失稳坍塌于沟底，在沟谷水流侧蚀作用下搬运至沟道，为泥石流提供固体物质来源。

(3)沟道支沟沟口带。在降水及冰雪消融的影响下，沟道支沟内的松散物质沿支沟被搬运至冲沟沟口堆积，这部分物源在主沟水流侧蚀作用下容易搬运至沟道，为泥石流提供固体物质来源。各支沟的沟道坡度、松散物源量不相同。岩性以洪积碎石土、碎石为主，充填粉质黏土。

(二)流通区

流通区位于各沟中游—中下游地带，部分地段沟底基础出露，水流对基岩的切割较弱。谷宽各沟不同，但研究区内各沟谷比降均较大，且局部形成跌水。沟床面上部洪积物透水性强，与下部基岩面形成隔水层，若遇洪水大部分将被搬运至下游沟道。沟底为二元结构的洪积阶地。整体沟道形态为“V”形，1＃(干登)冲沟及 14＃(朗且嘎)冲沟上游沟谷形态为“U”形。沟底切割至花岗闪长岩，两侧沟谷板岩切割近直立。由于流通区短且受两岸约束，流量易聚不易散，因而能够将泥石流迅速送出沟口。各冲沟流通区剖面特征如图 4-10～图 4-16 所示。

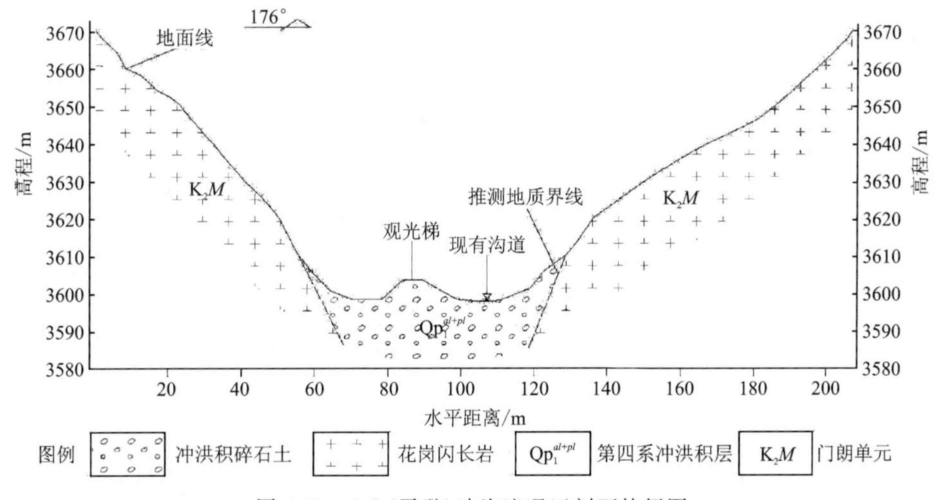

图 4-10　1＃(干登)冲沟流通区剖面特征图

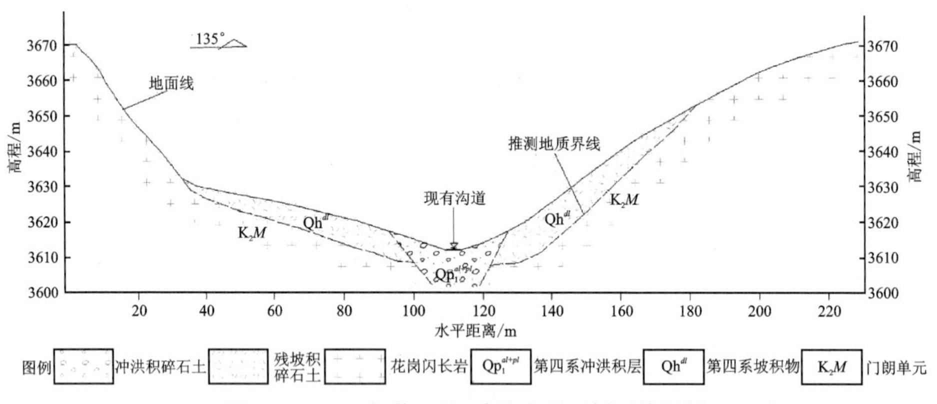

图 4-11　5＃(朗佳 1 号)冲沟流通区剖面特征图

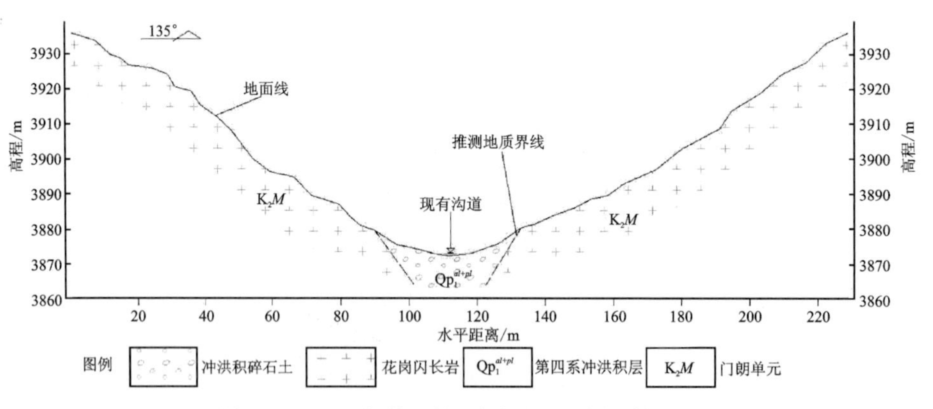

图 4-12　7＃(朗佳 2 号)冲沟流通区剖面特征图

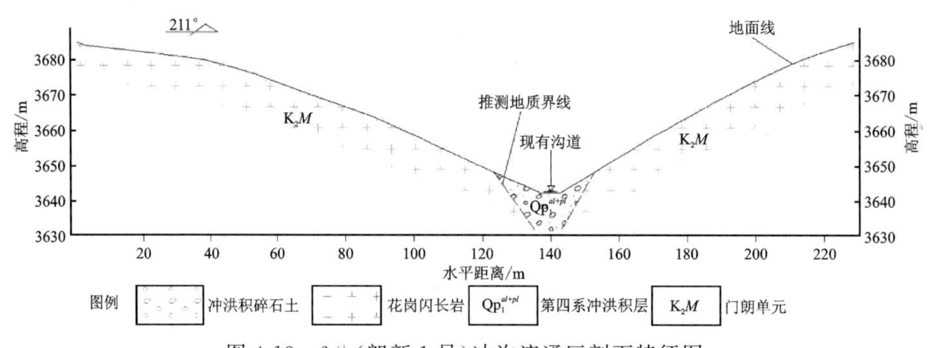

图 4-13　6＃(朗新 1 号)冲沟流通区剖面特征图

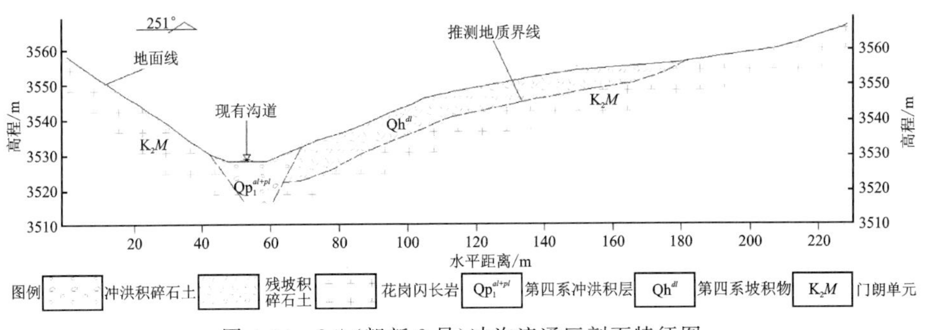

图 4-14　8＃(朗新 2 号)冲沟流通区剖面特征图

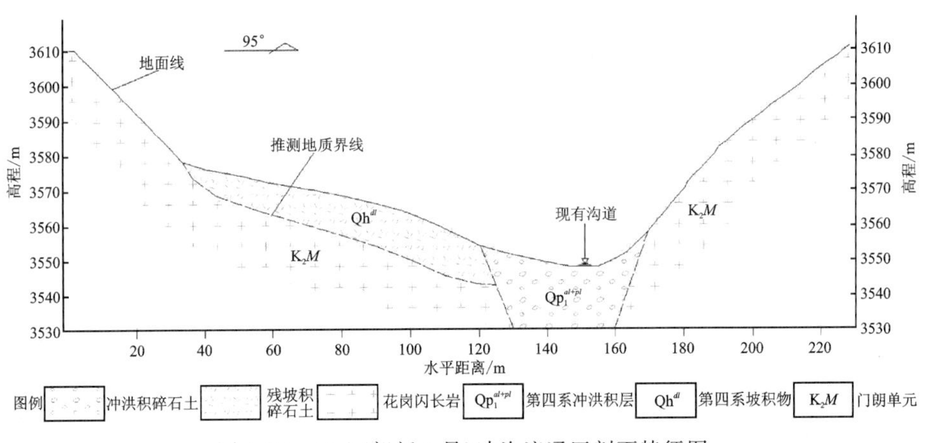

图 4-15　10＃(朗新 3 号)冲沟流通区剖面特征图

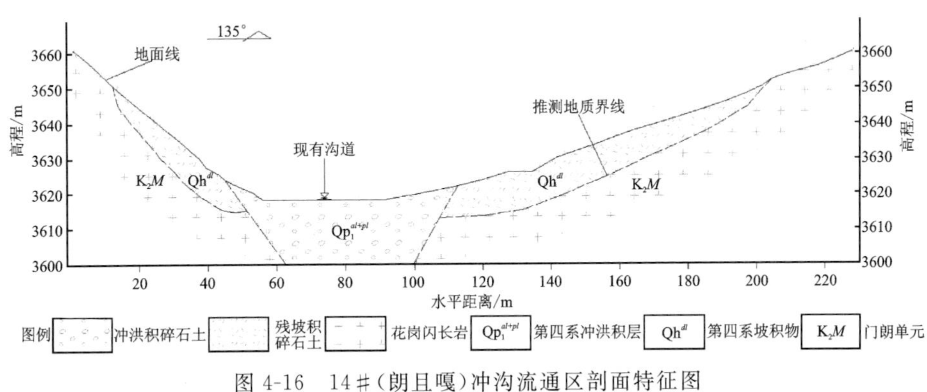

图 4-16　14＃(朗且嘎)冲沟流通区剖面特征图

(三)堆积区

该区为沟口地段的沟道及堆积扇,区内松散物质的搬运、流通、堆积交互出现，以沟道堆积为主，堆积层厚度总体为上游较薄、下游较厚，沿山坡呈条带状分布。受雅鲁藏布江切割作用影响，各冲沟沟口地段坡度均较陡，堆积作用不甚明显。沟道内堆积物局部切割成拉槽形式，拉槽深0.3～0.5m、宽0.5～0.8m。近年来研究区内未见泥石流发生的痕迹，沟床堆积上涨不明显，沟口为老洪积扇，洪积扇已衰退。老泥石流堆积扇面地表形态不甚明显，但站在山上远望仍依稀可辨。堆积层土体以块石、碎石夹粉质黏土为主，颗粒粗，详见表4-4。

表4-4 研究区各冲沟泥石流堆积特征一览表

冲沟编号	扇长/m	扇宽/m	面积/km^2	堆积物厚度/m					堆积物体积/10^4m^3
				扇后缘	扇中部	扇前缘	扇边缘	平均	
1#(干登)	353	414	0.15	36	18	10	1.4	16.35	245.25
5#(朗佳1号)	154	95	0.01	16	8	5	1.2	7.55	7.55
6#(朗新1号)	124	71	0.01	12	6	3	0.8	5.45	5.45
7#(朗佳2号)	138	67	0.01	18	10	6	2.6	9.15	9.15
8#(朗新2号)	228	145	0.03	14	7	4	1.6	6.65	19.95
10#(朗新3号)	141	122	0.02	17	10	6	1.8	8.70	17.40
14#(朗且嘎)	349	230	0.08	32	15	8	1.6	14.15	113.20

第四节 泥石流的形成条件

一、研究区泥石流形成的地形条件

地形地貌是形成泥石流的内因和必要条件，它制约着泥石流的形成和运动，影响泥石流的规模和特性。地形地貌对泥石流灾害的控制性影响主要表现在沟床比降、沟坡坡度、流域面积、相对高差4个方面。另外，沟壑密度和流域形态对泥石流的发育也有一定影响，以下从这6个方面分别进行叙述。

1.沟床比降对泥石流的影响

沟床比降是泥石流物质由势能转化为动能的条件，是影响泥石流形成和运动的重要因素。沟床比降既反映沟谷坡面侵蚀与沟道侵蚀的相互关系，又反映出泥石流沟的发育状况。当沟谷处于发展期，沟床强烈下切且极不稳定，常具有猛冲猛淤的特点，往往在较短的时间运移大量的固体物质，使沟床比降不断进行调整。当沟床比降变缓、沟内所提供的固体物质无力输送到沟口以下的主河谷地时，沟床比降处于不冲不淤的均衡状态，此后泥石流活动将发生显著变化，其间歇期增长，易发性减小，直至衰亡，即由泥石流沟谷变成非泥石流沟谷。

2.沟坡坡度对泥石流的影响

沟坡坡度对泥石流沟谷的影响主要表现在以下两个方面：

(1)流域两沟坡的陡缓直接影响到泥石流的规模和固体物质的补给方式与数量。

(2)流域的沟坡坡度越大，坡面流速和沟道汇流速度越快，降雨形成洪峰所需的时间越短，从而使泥石流具备成灾的水源条件。

3.流域面积对泥石流的影响

泥石流大多形成于流域面积较小的沟谷，一般来说，较小的流域面积易使泥石流形成和活动，泥石流流域面积到达一定峰值后，其易发性随着流域面积增大而不断减小。这主要是由于随着流域面积增大，流域的不均匀性增加，流域内松散固体补给物质分散，下游沟谷宽度增大，比降减小，沟道长度增大，支沟发育，各支沟出口处的沟道汇流产生不同程度的干扰作用，当流域面积达到某一临界值时，泥石流沟谷就发展、演变为一般的洪水沟谷。同样，泥石流沟谷流域面积也存在一个下限值，即泥石流不具备固体物质累积条件的最小流域面积。

4.相对高差对泥石流的影响

相对高差主要体现了泥石流流域的地形起伏程度和切割侵蚀强度，也侧面体现了沟谷的发育程度。一般而言，相对高差较大的沟谷多处于衰退期，侵蚀强度相对较低，而高差在200～300m之间的沟谷多属壮年期，尚处于平衡调整阶段，在沟谷不断下切侵蚀及其他作用综合影响下易引发两侧沟坡失稳而发生滑坡等不良地质现象，从而转化为松散固体物质补给泥石流。但从另一个角度来讲，相对高差又直接影响流域的沟床比降。因此，总体而言，在相对高差大于300m时，泥石流的易发性是随着相对高差的增加而减小的。

5.沟壑密度对泥石流的影响

流域中干支流总长度和流域面积之比为沟壑密度，沟壑密度是描述地形切割破碎程度的一个重要指标。沟壑密度越大，地形越破碎、越起伏不平，斜坡越发育。这一方面使地表物质稳定性降低，另一方面易形成地表径流。沟壑密度越大，地面径流和冲蚀侵蚀越强烈，沟蚀切割发展越快。因此，沟壑密度是有统计意义的地学属性描述参数，它是反映当地气候、地质、地形地貌的一个基本指标，是地形发育阶段和地表抗蚀能力的重要特征值，对地质灾害的发育有较为重要的影响作用。

6.流域形态对泥石流的影响

泥石流的流域形态对雨水和暴雨径流过程有明显的影响。径流和洪峰流量大小直接关系到各种松散固体物质的启动和参与泥石流活动，与泥石流的发生关系密切。最利于泥石流发生的流域形态为漏斗形、桃叶形、栎叶形、柳叶形和长条形等几种形态。

地形条件是泥石流启动和流动的重要动力来源，同时，地形条件对松散固体物质的产生、启动及参与泥石流活动产生重要影响，地形条件还决定降雨的收集、汇流过程和洪峰流量的形成及流动速度。但总体而言，泥石流沟与非泥石流沟在地形要素上差异并不明显。据泥石流沟谷的统计结果，95%的泥石流沟流域面积小于50km^2，其中小于10km^{2}的又占73%，也就是说，面积小于50km^{2}的流域易发生泥石流。在沟床比降的统计中，大多数泥石流沟的比降在40‰～280‰之间，形成区的比降多在20‰～600‰之间。通过调查统计，研究区仅1#(干登)冲沟流域面积大于50km^2，14#(朗且嘎)冲沟流域面积大于10km^2，但1#(干登)冲沟、14#(朗且嘎)冲沟的沟谷比降在40‰～280‰之间，形成区的比降在20‰～600‰之间，因此研究区内的各沟地形条件均在泥石流沟沟床比降分布比较集中的范围内。各流域相对高差很大，不论是水体还是松散物质，都具有很大的势能，它们在向下游运动的过程中，不断将势能转换成动能，使物源区上游的来水能迅速携带物源区沟道中的固体物质，将其转化为泥石流的组成部分。本区各沟地形条件有利于降水的汇集，大比降的沟床纵坡，使水流具备流速高、冲蚀能力强的特点，从而容易侵蚀搬运松散物质。大比降的沟床条件也有利于松散物质的启动和搬运。

二、研究区泥石流形成的固体物源条件

研究区由于内外力的共同作用，各类松散物质丰富、类型多样、分布广泛、数量巨大，主要有冰碛物、各类堆积物、石冰川、融冻泥石流、岩屑坡等。其中，冰碛物分布最广，数量最大。按各冲沟的分布情况来看，1＃（干登）冲沟内分布的类型最多，面积最广，数量最大，松散物储量为 31 168.37×10^4 m^3，其次为 14＃（朗且嘎）冲沟，松散物储量为 4 266.01×10^4 m^3（表 4-5）。从表 4-5 中可以看出，研究区内各沟道松散固体物质储备虽然大小不等，但都具备了形成泥石流的条件。研究认为，单位面积的松散物储量大于 4×10^4 m^3/km^2时就有可能发生泥石流，大于 50×10^4 m^3/km^2时一般会发生黏性泥石流。国内泥石流发育区中，云南东川小江流域单位面积松散物储量可达 1000×10^4 m^3/km^2；甘肃白龙江中游有些泥石流沟单位面积松散物储量高达(700～800)×10^4 m^3/km^2，松散物质分布面积可占全流域面积的 20%～30%，有些小流域中占比会更高。研究区内的各沟上述条件都超过了泥石流发育的较高指标。

表 4-5　研究区各沟道泥石流松散物源统计表

冲沟编号	流域面积/km^2	松散物堆积面积/km^2	松散物堆积体积/10^4 m^3	占全流域面积比例/%	单位面积储量/(10^4 m^3 · km^{-2})	参与泥石流松散物源量/10^4 m^3	参与泥石流活动的单位面积储量/(10^4 m^3 · km^{-2})
1＃（干登）	67.83	24.51	31 168.37	36.14	459.51	1 941.29	28.62
5＃（朗佳 1 号）	1.84	0.15	80.88	8.03	43.96	26.07	14.17
7＃（朗佳 2 号）	7.86	1.29	1 369.11	16.45	174.19	119.94	15.26
6＃（朗新 1 号）	1.45	0.15	42.73	10.64	29.47	12.53	8.64
8＃（朗新 2 号）	3.17	0.52	184.83	16.29	58.30	30.08	9.49
10＃（朗新 3 号）	4.12	1.69	2 147.47	41.07	521.23	128.46	31.18
14＃（朗且嘎）	24.09	2.94	4 266.01	12.21	177.09	612.37	25.42

三、泥石流形成的水源条件

泥石流形成是地形、地貌、气象、地质、水文等诸因素综合作用的结果。降水是现代地形地貌形成的主要影响因素之一，降水形成的坡面洪流侵蚀直接影响沟岸滑坡、崩塌的分布，也决定了沟道松散固体物质的多少。由此可见，降水对泥石流的影响不仅仅是提供水源，而是全方位的，泥石流形成的地形条件和松散固体物质储量条件都与降水过程密不可分。

滑坡、崩塌、错落、溜滑、残积物、坡积物、洪积物、冲积物、黄土等所有这些补给泥石流的松散固体物质，从分布状况到补给方式都与降水密切相关。其中，作为泥石流松散固体物质主要来源的滑坡、崩塌等重力堆积物的稳定性受降水影响非常大，特别是一些小型滑坡、崩塌和坍滑体的形成受控于降水。通常情况下，一次强降水过程往往诱发很多滑坡、崩塌，这些滑坡、崩塌直接滑落于沟道成为泥石流固体补充物，而降水形成的地表水，不仅通过面蚀带走大量泥砂，还能在沟道流通中侧蚀沟岸、挖蚀沟床补给泥石流。

关于天气的短期变化，对泥石流产生影响的最重要因素是气温的变化以及大气环流的变化。由于地形极其复杂，区内地势起伏及相对高差悬殊，气候垂直变化大，冰川消融泥石流广泛分布。根据西藏地区相关资料，年降水量在600～1000mm之间多发生暴雨泥石流，年降水量在250～600mm之间多发生雨洪泥石流，年降水量在400～600mm之间亦多发生冰雪消融泥石流。泥石流一般发生在年降水量300mm和日降水量30mm以上地区。区内年最大降水量403.3mm，日最大降水量42mm，外加冻土层消融水源，区内水源条件具备了泥石流形成的基本条件，见表4-6。

表4-6　研究区各沟道冰川、冰湖特征统计表

序号	编号	长度/m	宽度/m	中心体与沟道距离/m	面积/m^2	平均厚度/m	体积/$10^4 m^3$
1	冰湖 N-1	48	32	3392	1518	1.8	0.27
2	冰湖 N-2	161	81	3307	13 028	2.4	3.13
3	冰湖 N-3	262	96	3417	25 259	3.3	8.34
4	冰湖 N-4	179	49	4020	8700	2.7	2.35

续表 4-6

序号	编号	长度/m	宽度/m	中心体与沟道距离/m	面积/m^2	平均厚度/m	体积/$10^4 m^3$
5	冰湖 N-5	55	54	3996	3012	2.4	0.72
6	冰湖 N-6	340	126	4401	42 926	3.2	13.74
7	冰湖 N-7	112	38	642	4204	3.7	1.56
8	冰湖 N-8	66	30	848	1987	2.1	0.42
9	冰湖 N-9	68	29	860	1967	3.1	0.61
10	冰湖 N-10	517	198	1195	102 593	5.3	54.37
11	冰湖 N-11	198	62	796	12 264	4.3	5.27
12	冰湖 N-12	295	124	423	36 539	3.9	14.25
13	冰湖 N-13	585	148	1233	86 341	4.7	40.58
14	冰湖 N-14	364	123	979	44 730	4.5	20.13
15	冰湖 N-15	489	70	633	34 256	2.2	7.54
16	冰川 N-1	174	148	4218	25 678	12.3	31.58
17	冰川 N-2	249	146	3936	36 290	10.3	37.38
18	冰川 N-3	741	272	3694	202 113	14.5	293.06
19	冰川 N-4	676	302	3844	204 364	16.8	343.33

第五节　泥石流触发因素

一、地震及构造运动

地震及构造运动是山区泥石流形成的间接条件，常常导致崩塌和滑坡的发生，为泥石流提供丰富的松散固体物质，甚至直接激发泥石流。据云南省地震工程研院提供的《巴玉水电站工程场地震安全性评价报告》,巴玉水电站工程场地地震50年超越概率为10%,场地基岩地震动峰值加速度为0.175g,相应地震基本烈度为Ⅷ度,区域构造稳定性较差。因区内地震及构造运动强烈,基岩表层风化强烈,为泥石流活动提供了松散物源。

二、降水

降水,特别是暴雨的发生与区内泥石流的活动有着密切的关系。国内泥石流观测研究表明,泥石流的发生与短历时的降水强度关系密切,特别是与10min和1h短历时强降水有十分密切的关系,这可能是短历时强降水的速度往往大于地表渗透速度而易于形成地表径流的缘故,在前期降水充分的条件下更是如此。因此,短历时强降水对泥石流的激发起着重要的控制作用。

由《泥石流灾害防治工程勘查规范》(DZ/T 0220—2006)的规范性附录B中表B.1可知,研究区可能发生泥石流的24h界限雨值$H_{24(D)}=25\text{mm}$,1h的界限雨值$H_{1(D)}=15\text{mm}$。研究区内日最大降水量为42mm,小时最大降水量为18.5mm,大于流域泥石流可能暴发的界限雨值,因此当研究区流域内物源条件满足时,可能暴发泥石流。

三、冰雪消融

研究区内沟道上游常年积雪,且现代冰川发育,沟脑冰碛物内大都含有冰,根据表层土体含水率试验结果,含水率最大可达32.1%。近年来,随着极端气温的增多,在气温升高的情况下,冰雪消融量将增大,但因积雪面积较小及冰蚀洼地的阻拦,独立形成泥石流的可能性小,在强降雨情况下常常伴生冰雪消融等,消融后将带动岩屑坡及融冻泥石流及刨蚀沟槽松散物,增加泥石流的清水流量及固体物质量,增大泥石流流量。

第六节　沃卡河泥石流发育特征

沃卡河位于雅鲁藏布江左岸,沟口位于拟建渣场位置处,根据沟道堆积特征及沟口洪积扇特征判定该沟为非泥石流沟,另因沟道内分布有多级水电站,水电站极大地遏制了暴发泥石流的可能,因此本次对沃卡河的泥石流发育特征及危害按洪水冲刷分析。沃卡河发源于桑日县与工布江达县交界处海拔5500m的雪山，河道全长66.9km，流域面积1460km²，流域平面形态呈长方形。流域最高点位于沟道下游左侧山体山脊，海拔5992m，相对高差2460m。沟域内冲沟较发育，两侧山坡坡体整体较缓，山顶浑圆，中部山体坡度35°～50°，坡体下部较平滑，坡度25°～35°。流域冰川前缘沟道两侧为高原草甸区，沟谷为“U”形谷，下游沟道比降80‰～150‰。该沟为一常年性流水沟谷，主沟道内松散物质在常年流水的冲刷下，松散堆积物较少。流域内支沟较发育，各支沟沟道松散堆积物较少，沟口堆积扇不明显，故补给主沟松散物质的可能性较小。

综上所述，沃卡河流域面积已超出一般泥石流的范畴，加之流域中已修建了多级水电站，即使上游发生泥石流，也不会威胁到巴玉水电站的安全。另外，在沃卡河河口及下游沟道内未发现有明显的泥石流堆积物，调查范围内的各支沟沟口亦无泥石流堆积扇发育。据此判定沃卡河不属于泥石流沟谷。

渣场位于沃卡河河口较高处，沃卡河百年一遇洪水对渣场不会造成威胁。

第七节　冰川作用区松散体的特征及稳定性分析

研究区内海拔4500m以上地段因冰川作用和寒冻风化作用，山坡坡体表层基岩破碎，大部分堆积于山坡坡体上，部分在重力、水流等作用下搬运至坡体低洼处堆积。该部分物质根据堆积特征和内部含冰量的不同可分为石冰川和岩屑坡。

根据区域温度特征和中国冻土分布资料，本地区为岛状多年冻土分布区，多年冻土主要分布在高海拔山地，据识别出的石冰川末端海拔判断，河谷北侧阳坡多年冻土下界海拔4800～5000m，河谷南侧阴坡多年冻土下界在4600m左右。根据遥感解译，区内岩屑坡堆积体海拔多高于石冰川末端，往往成为石冰川的物质补给来源。因岩屑坡及其堆积体区域坡度巨大，降雨或积雪融水难以在岩屑坡中聚集，因而岩屑坡含冰量较少。

一、区内岩屑坡、石冰川的堆积及运移共性

1.岩屑坡

冰川的拔蚀及风化作用致使基岩山坡表层破碎，形成粒径在0.5～5cm之间的碎石土，沿坡体表面堆积。碎石土呈面状堆积，堆积的形状根据坡体的形状变化而变化(图4-17、图4-18)。区内岩性特征及现状分析如下：

（1）岩屑物质堆积厚度受山体的坡度变化影响较大，坡度在30°～45°之间时堆积厚度一般为1～2.5m，坡度在45°～60°之间时堆积厚度一般为0.2～1m，坡度大于60°时基岩裸露，松散体无法储存在坡体上部。

（2）岩屑物质堆积厚度也受山体平整度影响，山体低洼处堆积较厚，山体凸出部分堆积较薄。岩屑物在重力、水流等长期作用下向坡脚或山体低洼处运移。

图4-17　8＃冲沟S2岩屑坡

图4-18　10＃冲沟S4岩屑坡

在坡度较大的山坡上，岩屑物中的块石、细颗粒松散物含冰极少，基本上不存在因蠕变而发生缓慢运动的现象，主要受自身重力作用、各种颗粒物质构成体内摩擦角等的影响。

2.石冰川

石冰川主要为冰碛物和岩屑坡等松散物质，因内部包含一定数量的冰体而发生蠕变，并在山地低洼地带形成类似冰川形态的松散物质堆积体，一般呈条带状，表面有因差异性蠕变运动而形成的纹理特征。石冰川表面坡度和厚度受沟道纵向坡度影响，坡度平缓地段厚度较大，较陡地段厚度小。

根据石冰川分布位置分析，大部分石冰川分布于末次冰期冰碛物与小冰期冰碛物之间地带，主要由冰碛物演化而成，说明这些石冰川的形成历史至少要早于500a，因此，其末端下伸所达海拔是长期缓慢运移的结果。

石冰川具有多年冻土性质，即内部含冰，可蠕变下移。表层1～1.5m厚度为活动层，对于一般山地多年冻土而言，活动层在夏末达到最深，冬季降温，活动层厚度会缓慢减小直至为零。活动层以下为含冰的砂砾层，最下层与基岩冻结在一起。石冰川在重力作用下因冰的蠕变而缓慢运动，运动速度为每年数十厘米。

气温升高，冰川退缩，雪线上升，冻土活动层加深。根据区内冰川分析，冰川在逐渐退缩，部分已完全消失，雪线上升，冻土层厚度减小，但活动层加深。在气候变暖的背景下，石冰川表层1～1.5m部分整体向下游运移，使其前缘呈现凸型台阶(图 4-19、图 4-20),并在前缘堆积过厚时会失稳而产生滑移或垮塌(图 4-21、图 4-22)。这种滑移或垮塌仅发生在石冰川前缘部分,也不会因此而使石冰川整体产生滑塌。

图 4-19　7#冲沟 N-2 石冰川前缘凸型台阶

图 4-20　10#冲沟 N21 石冰川前缘凸型台阶

图 4-21　10#冲沟 N-21 石冰川前缘垮塌

图 4-22　7#冲沟 N2 石冰川前缘垮塌

根据调查及遥感解译,区内海拔 4500m 以上均有岩屑坡及石冰川发育,1#(干登)冲沟、14#(朗且嘎)冲沟内极为发育,但不直接威胁拟建工程,而是滑移至主沟或支沟内以松散物的形式参与泥石流活动,仅增大泥石流的流量及重度,在下文泥石流重度计算时已考虑参与泥石流活动的松散物物源量,因其对工程无直接影响,不再详细论述。而雅鲁藏布江右岸 8#(朗新 2 号)、10#(朗新 3 号)冲沟沟脑及雅鲁藏布江左岸 7#(朗佳 2 号)冲沟内分布的岩屑坡及石冰川(图 4-23、图 4-24),因其前缘正对主沟沟道、堆积方向又与主沟沟道夹角近于平行,且主沟沟道较陡,发生滑移后无堆积平台而直接威胁拟建工程。上述冲沟之外的其余冲沟未见有较大规模的岩屑坡或石冰川发育,因此本节主要论证上述 3 条冲沟内发育的对拟建工程有直接影响的岩屑坡及石冰川的特征和稳定性。

图 4-23　7＃冲沟岩屑坡补给 N1 石冰川

图 4-24　10＃冲沟 S3 岩屑坡补给 N21 石冰川

二、现状基本特征

1.8＃(朗新 2 号)冲沟

8＃(朗新 2 号)冲沟沟脑发育有 1 处岩屑坡，编号为 S2。

S2 岩屑坡平均长度 1128m，平均宽度 128m，堆积方向 5°，平均厚度 2.8m，体积 176.04×10^4 m^3，堆积表面坡度 683‰，前缘已滑移至 8＃(朗新 2 号)冲沟沟道内，受冰雪融水常年浸润。岩屑坡堆积体松散堆积于坡体上部，堆积体前缘海拔 4280m，后缘海拔 5220m。

2.10＃(朗新 3 号)冲沟

10＃(朗新 3 号)冲沟沟脑发育有 2 处岩屑坡及 1 处石冰川，岩屑坡分别编号为 S3、S4，石冰川编号为 N21。

S3 岩屑坡平均长度 797m，平均宽度 76m，滑动方向 310°，平均厚度 2.5m，体积 15.14×10^4 m^3，岩屑坡堆积表面坡度 541‰，前缘已滑移至 10＃(朗新 3 号)冲沟沟道内，受冰雪融水常年浸润。岩屑坡堆积体松散堆积于坡体上部，堆积体前缘海拔 4595m，后缘高度 5150m。

S4 岩屑坡平均长度 702m，平均宽度 186m，滑动方向 48°，平均厚度 2.8m，体积 36.49×10^4 m^3，堆积表面坡度 687‰，岩屑坡前缘正向 10＃(朗新 3 号)冲沟沟道内滑移，未直接接触 10＃(朗新 3 号)冲沟主沟道。岩屑坡堆积体松散堆积于坡体上部，堆积体前缘海拔 4533m，后缘高度 5152m。

N21 石冰川平均长度 2114m，平均宽度 278m，滑动方向 5°，平均厚度23.6m，体积 1 413.93×10^4 m^3，岩屑坡堆积表面坡度 512‰，前缘已滑移至 10＃(朗新 3 号)冲沟沟道内，堆积体前缘海拔 4312m，后缘高度 5120m。S2、S4 岩屑坡及 N21 石冰川特征见图 4-25～图 4-27。

图 4-25　S2 岩屑坡、N21 石冰川特征

图 4-26　N21 石冰川特征

图 4-27　N21 石冰川、S4 岩屑坡特征

3.7#(朗佳 2 号)冲沟

7#(朗佳 2 号)冲沟沟脑发育有 2 处石冰川，石冰川编号分别为 N1、N2(图 4-28)。

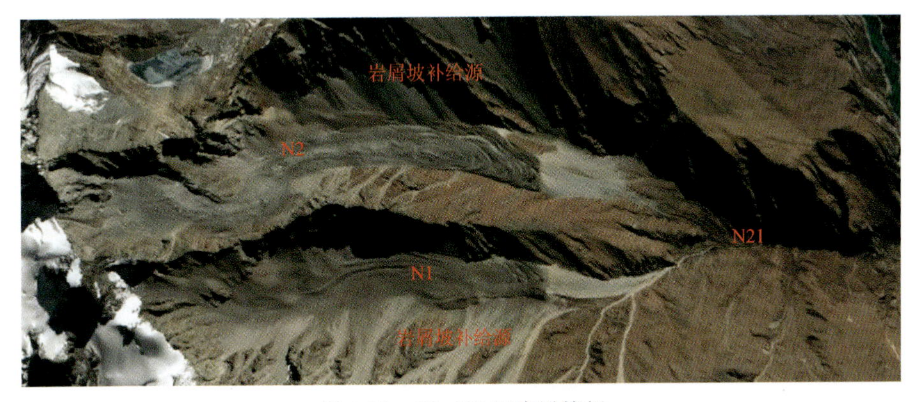

图 4-28　N1、N2 石冰川特征

N1 石冰川平均长度 1527m，平均宽度 201m，滑动方向 191°，平均厚度8.4m，

体积 $224.48\times10^4m^3$，岩屑坡堆积表面坡度 458‰，前缘已滑移至 7#（朗佳 2 号）冲沟沟道内，堆积体前缘海拔 4620m，后缘高度 5435m。

N2 石冰川平均长度 1947m，平均宽度 373m，滑动方向 204°，平均厚度 12.4m，体积 $771.27\times10^4m^3$，岩屑坡堆积表面坡度 544‰，前缘已滑移至 7#（朗佳 2 号）冲沟沟道内，堆积体前缘海拔 4654m，后缘高度 5606m。

三、雪线变化分析

通常所说的雪线是指理论雪线或气候雪线，即在平坦无遮盖地表上，大气固态降水年收入等于年支出的界线，是冬季积雪到消融期末存在的下限高度。在冰川上大气固态降水年收入等于年支出的界线称为平衡线。

研究区各沟谷现存的平均雪线海拔列于表 4-7 中，各沟谷平均雪线高度介于 5480～5620m。

表 4-7　研究区各沟谷平均雪线海拔分布　　单位：m

冲沟编号	最高海拔	最低海拔	平均雪线高度
1#（干登）	5992	3640	5620
5#（朗佳 1 号）	5635	3467	5560
7#（朗佳 2 号）	5992	3532	5600
8#（朗新 2 号）	5800	3647	5560
10#（朗新 3 号）	5716	3468	5540
14#（朗且嘎）	5577	3480	5480

雪线是气候和地形综合作用的产物，随着气温特别是夏季气温的升高而升高，又随固态降水的增多而降低。地形对雪线高度的影响主要表现在坡向和地形的遮蔽度上。水热条件和地形要素的不同组合，使各山区雪线高度的分布呈现差异。受气温升高的影响，研究区各沟谷雪线高度不断升高，以 1#（干登）冲沟为例，2009 年与 1970 年相比较，雪线高度平均升高 25m，与小冰期和末次冰期相比较，雪线高度分别升高 75m 和 500m。如果气温继续上升，雪线高度将相应

升高，如果其升高的幅度达不到流域的最高海拔，雪线将会长期存在。根据地质地貌学家崔之久教授的研究，我国石冰川分布最低海拔比现代平均雪线低100m，此理论与我们结合影像图分析的石冰川位置相符。

四、岩屑坡和石冰川稳定性分析

1.整体变化趋势分析

上述堆积体因常年冰雪冻融拔蚀作用风化，主要由砾石组成，分选性差，磨圆度差。因堆积海拔较高，内部含冰量大，常年处于冻结状态，在夏季气温升高时上部融化，融化后堆积砾石黏聚力急剧减小向下部蠕滑，在气温降低时再次冻结于堆积体上部。堆积物整体变化趋势为后缘山体风化坍塌补给堆积物缓缓向前缘沟道内运移。因近年来气温整体升高，风化补给量明显小于消融滑移量，堆积物总量呈减少趋势。1981—1990年全球平均气温比100年前上升0.48℃，1980年至今，全球平均气温上升0.75℃，在气温升高继续增大的情况下，堆积体将逐渐消融退化补给泥石流汇集至雅鲁藏布江内。气温再升高4～5℃，区内冰川将完全退缩，岩屑坡的厚度也将随之减薄。但在未出现气温急剧变化的前提下，岩屑坡上处于活动层的松散岩屑物，在重力作用下或坡面径流冲刷下，部分向下滑塌或崩落，在其坡脚处堆积形成岩屑锥，有可能参与泥石流的形成，而活动层以下的岩屑物因与其下伏基岩冻结在一起而保持稳定。由于山坡上的岩屑物或石冰川不属于块体滑动的物质，因而不可能全部整体滑塌，岩屑物全部失稳的可能性小，堆积物一次补给泥石流的可能性也小。根据调查，岩屑物蠕动滑移方向与沟道走向相近，沟道及山坡坡度较大，在400‰～700‰之间，无法阻挡消融滑移物质停留在沟道内，消融物堵塞沟道形成溃决泥石流的可能性小。

气温升高后石冰川融化，末端呈松散堆积物，或垮塌，或被雨水冲入河道。据世界气象组织和联合国环境规划署第四次评估报告，自1980至2100年，全球平均气温将上升2.3～4.3℃，平均每年上升0.019～0.035℃。气温升高必然导致冰融化，按照0.65℃/100m计算，意味着石冰川末端海拔平均每年将升高2.95～5.51m。图4-29显示的是该区域石冰川在不同海拔的分布情况，可以看出在海拔4950m以下石冰川分布面积较小，石冰川主要集中分布在海拔5000～5400m之间。至2100年，石冰川末端海拔将升高265～495m，石冰川将损失3%～10.5%，刚刚到达石冰川分布密集的海拔，因此，2100年以后石冰川才开始大量萎缩。2100年以前，石冰川每年缓慢萎缩。

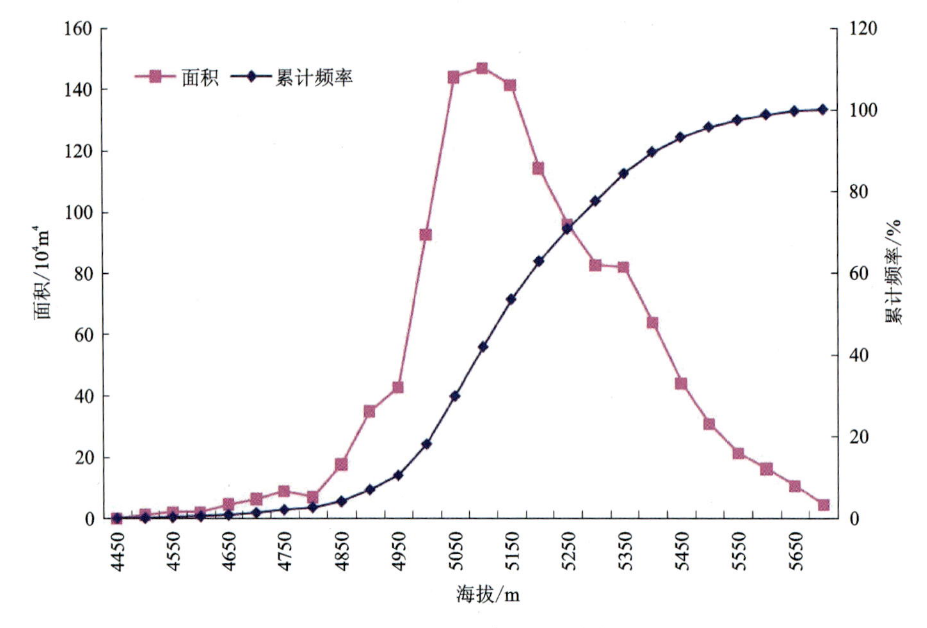

图 4-29 石冰川在不同海拔的分布情况

2.一次最大可进入雅鲁藏布江的松散物源量分析

根据区域冻土研究结果，该区阳坡[即研究区雅鲁藏布江左岸沟谷 7#(朗佳 2 号)冲沟沟谷]多年冻土最高下界海拔约 5000m，区内阴坡[即研究区雅鲁藏布江右岸沟谷 8#(朗新 2 号)、10#(朗新 3 号)冲沟沟谷]冻土下界海拔约 4600m。重点分析 8#(朗新 2 号)冲沟沟脑岩屑坡(图 4-30、图 4-31)、10#(朗新 3 号)冲沟沟脑石冰川、7#(朗佳 2 号)冲沟的松散体稳定特征和破坏模式及一次最大可能进入雅鲁藏布江的松散物源量(后文称一次最大量)。

1)岩屑坡

根据前文论述，岩屑坡堆积体按运移情况可分为 3 种：①处于多年冻土最低海拔线以上部分整体向下游按小于 1m/a 速度运移的物质；②处于多年冻土最低海拔线以下部分按 2～3m/a 速度向下运移的物质；③处于常年冻土最低海拔线以下部分消融后可被水流冲蚀带入沟道的物质；④近期内常年冻结于基岩上部不运移的部分。

根据地形特征分析，8#(朗新 2 号)冲沟的 1 处岩屑坡可直接进入沟道而一次运移至雅鲁藏布江，其余 10#(朗新 3 号)冲沟的 2 处岩屑坡将补给石冰川，不直接威胁拟建工程，在后文另计算石冰川的一次最大量，所以 10#(朗新 3 号)冲沟的 2 处岩屑坡的一次最大量不详细计算。

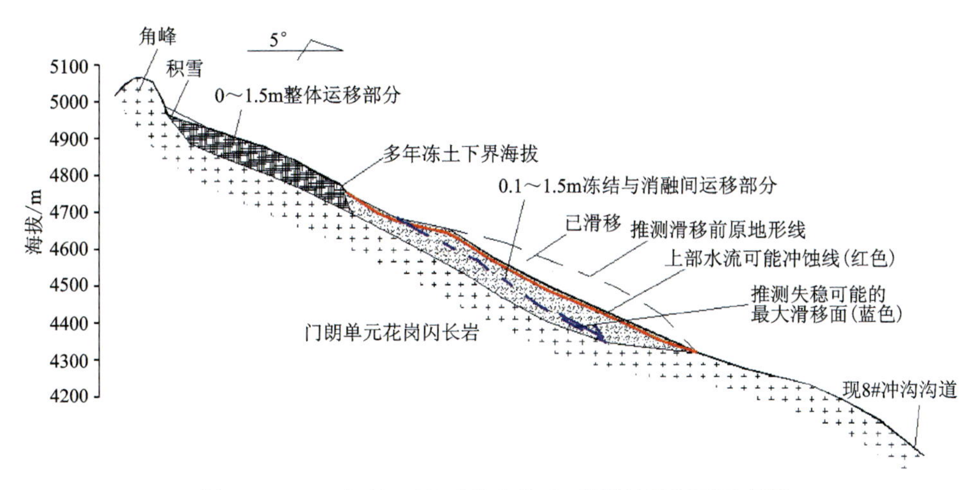

图 4-30　8#(朗新 2 号)冲沟沟脑 S2 岩屑坡纵剖面示意图

注:为表述方便,图示中岩性填充未按实际比例尺(图 4-31 同)。

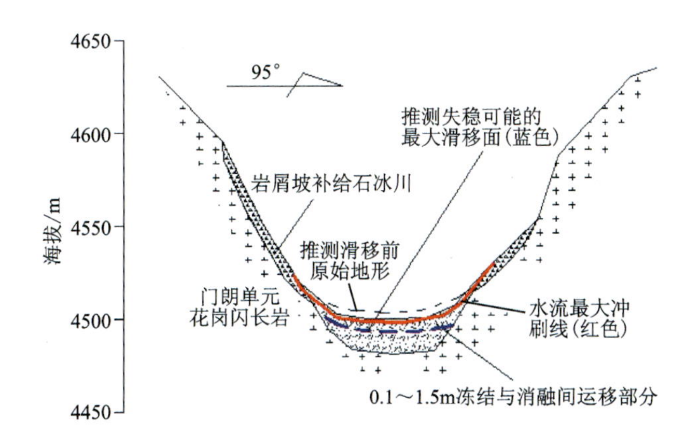

图 4-31　8#(朗新 2 号)冲沟沟脑 S2 岩屑坡横剖面示意图

8#(朗新 2 号)冲沟岩屑坡一次最大可进入雅鲁藏布江的松散物源量＝年向下游运移 3m 的物质量＋流水冲蚀物质量＋推测最大滑移面上部物质量。其中,年向下游运移 3m 的物质量＝3×岩屑坡前缘断面面积;流水冲蚀物质量＝0.1×冻土最低海拔线以下岩屑坡表面面积;推测最大滑移面上部物质量＝推测最大滑移面上部物质体积。

年平均输出物质总量反映冰川整体运移情况,为除去最大滑移量的一次物质总量。直接威胁拟建工程的岩屑坡一次最大物质量计算结果如表 4-8 所示。

表 4-8 直接威胁拟建工程的岩屑坡一次最大物质量 单位:$10^4 m^3$

冲沟编号	岩屑坡编号	年向下游运移 3m 的物质量	流水冲蚀物质量	推测最大滑移面上部物质量	一次最大物质量	年平均输出物质总量
8#(朗新 2 号)	S2	0.219	1.185	4.445	5.849	1.40

2)石冰川

根据前文论述,石冰川堆积体按运移情况可分为 5 种:①处于多年冻土最低海拔线以上厚 0~1m 部分,整体向下游按小于 1m/a 速度运移的物质;②处于多年冻土最低海拔线以下厚 0.1~1.0m 部分,按 2~3m/a 速度向下运移的物质;③处于多年冻土最低海拔线以下深度 1~2.5m 部分,按 1m/a 速度向下运移的物质;④处于多年冻土最低海拔线以下部分,消融后可被水流冲蚀带入沟道的物质;⑤近期内常年冻结于基岩上部不运移的部分。

根据地形特征分析结果,7#(朗佳 2 号)冲沟的 2 处石冰川、10#(朗新 3 号)冲沟的 1 处石冰川均可直接进入沟道而一次运移至雅鲁藏布江(图 4-32~图 4-35)。

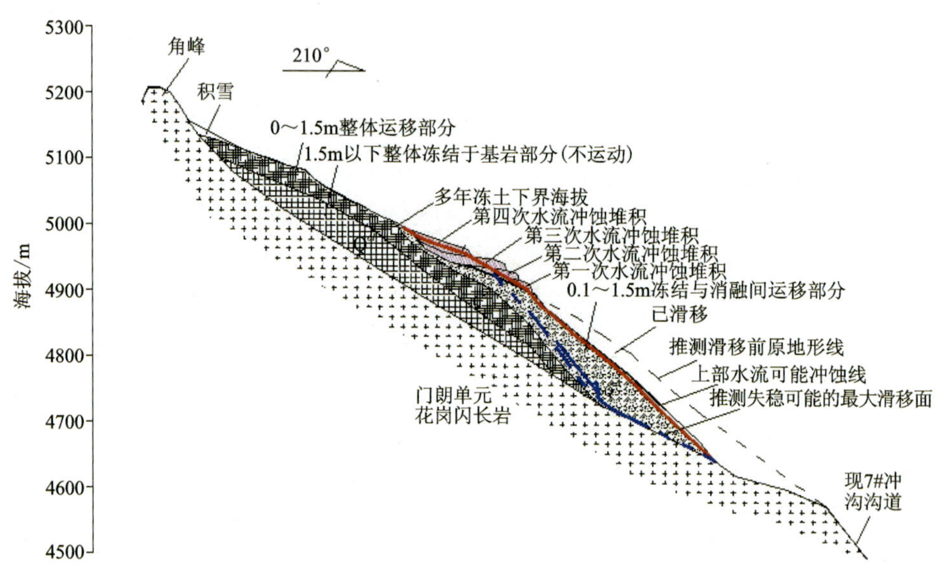

图 4-32 7#(朗佳 2 号)冲沟 N2 石冰川纵剖面示意图

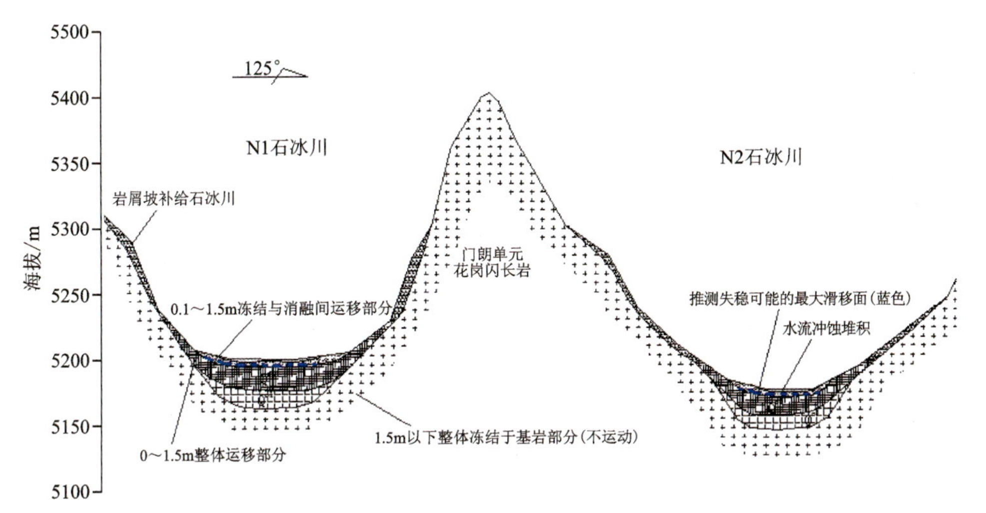

图 4-33　7#(朗佳 2 号)冲沟 N1、N2 石冰川横剖面示意图

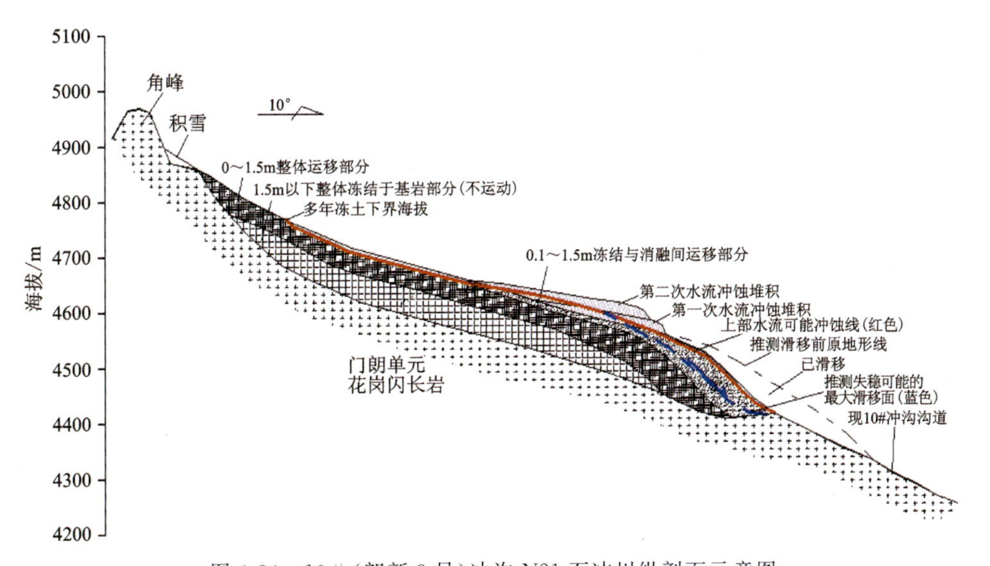

图 4-34　10#(朗新 3 号)冲沟 N21 石冰川纵剖面示意图

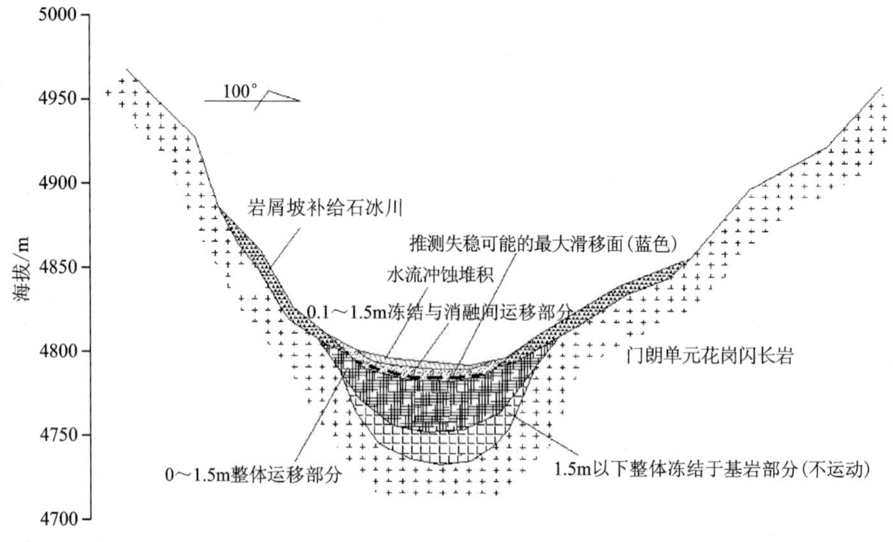

图 4-35　10＃(朗新 3 号)冲沟 N21 石冰川横剖面示意图

石冰川一次最大可进入雅鲁藏布江的松散物源量＝1～2.5m 年向下游运移 1m 的物质量＋0.1～1m 年向下游运移 3m 的物质量＋流水冲蚀物质量＋推测最大滑移面上部物质量。其中，1～2.5m 年向下游运移 1m 的物质量＝1×岩屑坡前缘 1～1.2.5m 深断面面积；年向下游运移 3m 的物质量＝3×岩屑坡前缘 0.1～1m 深断面面积；流水冲蚀物质量＝0.1×冻土最低海拔线以下岩屑坡表面面积；推测最大滑移面上部物质量＝推测最大滑移面上部物质体积。

根据分析，区内发育的岩屑坡或石冰川对拟建工程有直接影响的仅为 7＃(朗佳 2 号)冲沟 N1、N2 石冰川，8＃(朗新 2 号)冲沟 S2 岩屑坡，10＃(朗新 3 号)冲沟 N21 石冰川，其余岩屑坡或石冰川对拟建工程无直接威胁，输送的物质仅为补给泥石流或石冰川松散物源。通过计算上述威胁拟建工程的冰川成因松散物源，7＃(朗佳 2 号)冲沟 N1 石冰川及 N2 石冰川一次共输出的最大物质量为 $21.00\times10^4\,m^3$，8＃(朗新 2 号)冲沟 S2 岩屑坡一次共输出的最大物质量为 $5.85\times10^4\,m^3$，10＃(朗新 2 号)冲沟 N21 一次输出的最大物质量为 $21.44\times10^4\,m^3$。通过计算得出，除去最大滑移量即为年冰川成因松散物输出的平均最大物质量，所以 7＃(朗佳 2 号)冲沟 N1 石冰川及 N2 石冰川年均输出的物质量约为 $4.59\times10^4\,m^3$，8＃(朗新 2 号)冲沟 S2 岩屑坡年均输出的物质量为 $1.40\times10^4\,m^3$，10＃(朗新 2 号)冲沟 N21 年均输出的物质量为 $4.62\times10^4\,m^3$。直接威胁拟建工程的石冰川一次最大物质量见表 4-9。

表 4-9　直接威胁拟建工程的石冰川一次最大物质量　　单位：$10^4 m^3$

沟谷编号	石冰川编号	1～2.5m 年向下游运移 1m 的物质量	0.1～1m 年向下游运移 3m 的物质量	流水冲蚀物质量	推测最大滑移面上部物质量	一次最大物质量	年平均输出物质量
7＃(朗佳 2 号)	N1	0.024	0.047	1.422	5.332	6.83	4.59
	N2	0.049	0.098	2.952	11.07	14.17	
10＃(朗新 3 号)	N21	0.048	0.096	4.48	16.82	21.44	4.62

综上所述，7＃(朗佳 2 号)冲沟、8＃(朗新 2 号)冲沟和 10＃(朗新 3 号)冲沟沟脑的岩屑坡及石冰川年内大部分时间处于冻结状态，仅在气温高于 0℃时上部有部分消融，随着气温的升高，其消融量及年输出量会缓慢增大。但气候变暖是一个缓慢的过程，岩屑坡或石冰川内部冰核消融过程也相对缓慢。在岩屑坡和石冰川漫长的变化过程中，会有部分物质在外力作用下进入雅鲁藏布江，或通过物质输送和调整而达到应力平衡。松散堆积物整体堆积体稳定性好，不会发生整体垮塌或滑移。松散物质量的运移亦是一个逐渐循环减少的过程，一次输出物质总量仅为上部冲刷、前缘垮塌及冲刷的物质量，其规模小，对拟建工程威胁小。

第五章

泥石流流体特征

第一节　泥石流流体重度

因研究区内沟道近年来未曾暴发过泥石流且大多数沟道处于无人区，据调查访问，各沟道无泥石流相关记录及见证人，所以无法采用形态调查法、体积比法、试验法确定泥石流重度，本次研究主要根据泥石流流体重度采用几种经验公式法综合确定（郭树清等，2018）。

一、固体物质储量法

泥石流容重 γ_c 与流域内可补给泥石流的固体松散物质储备量关系密切，可用下式计算：

$$\gamma_c = 1.1A_c^{0.11} \tag{5-1}$$

式中：A_c 为单位面积可补给泥石流的固体松散物质量。

采用固体物质储量法，经过计算得到泥石流重度见表 5-1。

表 5-1　泥石流流体重度计算参数及结果（固体物质储量法）

冲沟编号	流域面积/km^2	松散物堆积面积/km^2	松散物堆积体积/$10^4 m^3$	单位面积储量/$(10^4 m^3 \cdot km^{-2})$	参与的单位面积储量/$(10^4 m^3 \cdot km^{-2})$	泥石流流体重度/$(kN \cdot m^{-3})$
1#（干登）	67.83	24.51	31 168.37	459.51	28.62	15.58
5#（朗佳1号）	1.84	0.15	80.88	43.96	14.17	14.41
7#（朗佳2号）	7.86	1.29	1 369.11	174.19	15.26	14.50
6#（朗新1号）	1.45	0.15	42.73	29.47	8.64	13.62
8#（朗新2号）	3.17	0.52	184.83	58.30	9.49	13.82
10#（朗新3号）	4.12	1.69	733.54	178.04	8.07	13.52
14#（朗且嘎）	24.09	2.94	4 266.01	177.09	25.42	15.39

二、洪积扇比降法

泥石流的重度采用沟口洪积扇比降的经验公式进行计算，计算公式为

$$\gamma_c = 16.9i + 14.4 \tag{5-2}$$

式中：γ_c 为泥石流容重（kN/m^3）；i 为泥石流沟口附近或冲积扇平均坡度（‰）。

采用洪积扇比降法，求得研究区泥石流重度见表 5-2。

表 5-2 泥石流流体重度计算参数及结果（洪积扇比降法、中值粒径法、打分法）

冲沟编号	比降法		中值粒径法		打分法	
	洪积扇比降/‰	泥石流流体重度/（$kN \cdot m^{-3}$）	1/2 中值颗粒/mm	泥石流流体重度/（$kN \cdot m^{-3}$）	评分结果/分	泥石流流体重度/（$kN \cdot m^{-3}$）
1#（干登）	239	18.03	0.46	16.95	69	14.45
5#（朗佳 1 号）	750	26.56	0.22	15.48	72	14.65
7#（朗佳 2 号）	445	21.46	0.25	15.68	73	14.72
6#（朗新 1 号）	525	22.83	0.11	14.41	65	14.18
8#（朗新 2 号）	590	23.91	0.13	14.60	65	14.18
10#（朗新 3 号）	643	24.79	0.09	14.11	68	14.38
14#（朗且嘎）	268	18.52	0.42	16.76	65	14.18

三、中值粒径法计算

泥石流的重度采用中值粒径法进行计算，计算公式为

$$\gamma_c = 1.30 + \lg \frac{10d_{50} + 2}{d_{50} + 2} \tag{5-3}$$

式中：γ_c 为泥石流容重（kN/m^3）；d_{50} 为筛分实验中质量占 50%以上的固体颗粒的粒径（mm）。

采用中值粒径法，经过计算得到泥石流重度见表 5-2。

四、打分法

根据《泥石流灾害防治工程勘查规范》（DZ/T 0220—2006）对研究区内各泥石流沟道进行打分，通过打分结果按附表 G2 数量化评分（N）与重度、$1+\varphi$ 关系对照表查区内各沟谷泥石流重度，结果见表 5-2。

五、结果评价与取值

本次泥石流调查对上述4种方法得到的泥石流流体重度进行分析对比，并结合调查的洪积扇特征、沟道特征、泥石流频率、堆积体特征、颗粒粒度特征等确定各沟沟道内泥石流流体的密度。

(1)固体物质储量法。研究区内从山坡至沟道段分布的松散物储量丰富，依次有岩屑坡、石冰川、融冻泥石流、残坡积物源、沟道堆积物源等，但岩屑坡、石冰川、融冻泥石流等位于山体中—上部，每年受降雨及冰雪融水等因素影响向沟道推移，松散物源未直接与沟道接触，且部分松散物源最终只能推移至冰川作用形成的洼地内，并不是全部参与，甚至不参与泥石流活动；其余松散物源在假定的暴雨条件下(如百年一遇暴雨)也未必能启动[如1#(干登)冲沟沟道内松散物部分地段堆积厚度大于30m]，所以此次仅采用了可参与的松散物源量计算泥石流重度。

(2)洪积扇比降法。研究区内各沟道洪积扇扇面均较小，沟道两侧为基岩山区，受构造运动及雅鲁藏布江侵蚀，沟口地段坡度均较大，洪积扇堆积受地形影响因素大，部分小型冲沟洪积扇堆积于基岩上部，因此洪积扇比降并非泥石流自然堆积比降，采用调查所得洪积扇比降计算的泥石流重度受沟口坡度影响太大，所以此方法求得的各沟道重度偏大。

(3)中值粒径法。因研究区内各沟道近年来未曾暴发过泥石流，沟口洪积扇扇面小，且与雅鲁藏布江直接接触，所以洪积扇长期受雅鲁藏布江水流及自身沟道洪水冲刷，大部分小颗粒固体物质已被带走，调查期间很难见到原始泥石流堆积扇，所以实验所得的中值粒径偏大。

(4)打分法。根据区域特征、沟道及松散物特征综合打分，确定各沟谷泥石流重度，反映了物质条件及地形条件对泥石流重度的影响大。

根据调查，区内泥石流活动频率低，沟口堆积扇小。因沟床比降大，除1#(干登)冲沟沟道内分布有一处沟中洪积扇外，其余沟道内均无堆积。冲积扇的发育程度反映了泥石流的重度较小。堆积洪积扇颗粒以粗颗粒为主，黏粒含量少，堆积体以角砾及块石为主，结构松散，说明研究区内各沟均属稀性泥石流沟。

综上所述，采用洪积扇比降法、中值粒径法确定的泥石流重度偏大(部分重度达黏性泥石流标准)，而打分法及固体物质储量法计算的结果与稀性泥石流沟谷较吻合，本次研究区内各沟谷泥石流重度经综合分析和比选后采用固体物质储量法的计算结果。

第二节　泥石流峰值流量

一、百年一遇降雨量计算

(1)采用皮尔逊Ⅲ型曲线计算百年一遇降雨量。因研究区无详细降雨调查资料,根据文献《西藏泥石流与环境》(中国科学院-水利部成都山地灾害与环境研究所、西藏自治区交通厅科学研究所,1999)中给出的山南地区(泽当)多年平均最大1h降雨量 $\bar{H}_1$ 为9.3mm,变差系数 C_v 为0.22,偏差系数 C_s 为 $3.5C_v$,并按皮尔逊Ⅲ型曲线确定出模比系数 $K_{1\%}$ 后求算:

$$S_p = K_p \times \bar{H}_1 \tag{5-4}$$

式中:K_p 为模比系数,查表得1.632。

计算得百年一遇小时最大降雨量为15.18mm。上述计算得出的最大降雨量含固体降雨,固体降雨量不直接参与泥石流活动,且固体降雨量在暴雨季节因气温较高分配较少。根据冰川消融分析结果,近年来冰雪小时消融量较小。因此,区内发育的泥石流以暴雨型泥石流为主,因地区监测资料缺失,所以本次参与泥石流的清水计算值不考虑冰雪融水及固体降水。综合考虑百年一遇最大降雨取值为15.18mm。

(2)采用上述方法计算的百年一遇降雨量因未收集到近20年的降雨资料,统计数据不全,计算的结果偏小,根据中国水电顾问集团贵阳勘测设计研究院提供的1h最大百年一遇降雨量为18.5mm,其余频率下降雨量根据皮尔逊Ⅲ型曲线计算求得(表5-3)。

表5-3　根据皮尔逊Ⅲ型曲线计算求得各频率下降雨量取值表

频率/%	1	2	3.33	5	10	20
K_P	1.632	1.537	1.464	1.403	1.294	1.172
降雨量/mm	18.50	17.42	16.60	15.90	14.67	13.29

根据前文讨论,西藏地区形成泥石流的降雨条件是1h降雨量大于15mm,从计算结果看,频率在5%及以上的降雨才有可能启动泥石流,即研究区各沟暴发泥石流的频率约为5%,故本次对5%及以上频率的洪流按泥石流对待,对5%以

下频率洪流仅计算清水流量。

二、清水流量计算

清水流量采用中铁第一勘察设计院集团有限公司的公式计算[式(5-5)]，采用经验公式校核。

$$Q_{B(1\%)}=\left[\frac{K_1\cdot(1-K_2)\cdot K_3}{x^{n'}}\right]^{1/(1-n'y)} \tag{5-5}$$

式中：$Q_{B(1\%)}$为清水流量(m^3/s)。K_1为产流因子，按下式计算：

$$K_1=0.278\eta S_p F \tag{5-6}$$

式中：η为暴雨点面折减系数；S_p为设计暴雨参数(mm/h)；F为汇水面积(km^2)。

K_2为损失因子，按下式计算：

$$K_2=R\cdot(\eta\cdot S_p)^{r_1-1} \tag{5-7}$$

式中：R为损失系数；r_1为损失指数。K_3为造峰因子，按下式计算：

$$K_3=\frac{(1-n')^{1-n'}}{(1-0.5n')^{2-n'}} \tag{5-8}$$

n'为随暴雨衰减指数n而变的指数，即

$$n'=C_n\cdot n=\frac{1-r_1\cdot K_2}{1-K_2}\cdot n$$

x为河槽和山坡综合汇流因子，由河槽汇流因子K_2而定，即

$$x=K_1+K_2$$

$$K_1=\frac{0.278L_1}{A_1\cdot {I_1}^{0.35}}$$

$$K_2=\frac{0.278L_2^{0.5}\cdot F^{0.5}}{A_2 {I_2}^{0.333}}$$

式中：L_1为主河槽长度(km)，为显著河槽起点到出口断面的距离。A_1为主河槽流速系数，根据断面扩散系数a_0和系数m_1值查取，a_0可在出口断面附近选取有代表性的断面，量取其1m水深时相应河宽之半值；m_1为主河槽沿程平均糙率系数。I_1为主河槽平均坡度(‰)，相当于显著河槽起点到出口断面的平均坡度。L_2为流域坡面平均长度(km)，按下式计算：

$$L_2=\frac{F}{1.8(L_1+\Sigma l_i)} \tag{5-9}$$

式中：Σl_i为流域中支汊河沟的总长(km)。其中每条冲沟的长度要大于流域平均宽度的0.75倍，流域平均宽度B_0的算式为$B_0=\frac{F}{2L_0}$，L_0为流域分水岭最远一点至桥涵处的距离(km)。

A_2为坡面流速系数；I_2为流域坡面平均坡度(‰)，可取若干有代表性的坡面求算坡度，取其算术平均值。

y为反映流域汇流特征的指数，按下式计算：

$$y=0.5-0.5\lg\frac{3.12\frac{K_1}{K_2}+1}{1.246\frac{K_1}{K_2}+1} \tag{5-10}$$

采用上式计算流量时，设计暴雨强度公式a_p采用$a_p=\frac{S_p}{t_Q^n}$计算，式中的暴雨衰减指数n，其长短历时一般固定为1h，故$t_Q\leqslant 1h \cdot n=n_1$；$t_Q>1h \cdot n=n_2$，当用公式(5-8)计算$n'$时，应与$n_1$或$n_2$计算出来的造峰历时$t_Q$相适应，是否相适应，可用下式来检验：

$$t_Q=P_1 \cdot x \cdot Q_P^{-y} \tag{5-11}$$

式中：t_Q为造峰历时，以h计；P_1为形成洪峰流量的同时汇水的时间系数，可按$P_1=\frac{1-n'}{1-0.5n'}$计算。

泥石流百年一遇清水流量计算参数及结果见表5-4。

表5-4　泥石流百年一遇清水流量计算参数及结果

（采用中铁第一勘察设计院集团有限公司计算公式）

冲沟编号	η	S_p	F	R	r_1	L_1	A_1	H_1	L_2	A_2	H_2	n	T_p	Q_P (1%)
1#（干登）	0.84	18.5	67.83	0.93	0.63	7.79	0.072	172.0	2.79	0.007 5	377.0	0.75	2.03	67.13
5#（朗佳1号）	0.94	18.5	1.84	0.93	0.63	1.90	0.137	541.0	0.35	0.007 5	256.0	0.63	0.55	4.55
7#（朗佳2号）	0.94	18.5	7.86	0.93	0.63	2.73	0.137	347.0	0.85	0.007 5	699.0	0.63	0.61	19.72
6#（朗新1号）	0.94	18.5	1.45	0.93	0.63	1.35	0.137	603.0	0.46	0.007 5	194.0	0.75	0.71	3.15
8#（朗新2号）	0.94	18.5	3.17	0.93	0.63	2.24	0.137	628.0	0.54	0.007 5	438.0	0.63	0.57	7.96
10#（朗新3号）	0.94	18.5	0.47	0.93	0.63	2.70	0.137	509.0	0.09	0.007 5	280.0	0.63	0.32	7.76
14#（朗且嘎）	0.90	18.5	24.09	0.93	0.63	4.32	0.087	333.0	1.71	0.007 5	697.0	0.75	1.0	44.09

注：表中所有符号及单位详见公式说明。

百年一遇清水流量经验公式如下：

$$Q_P = 0.278 S_p I F \tag{5-12}$$

式中：F 为流域面积（km^2）；I 为主沟道平均比降（‰）；S_p 为百年一遇小时最大降雨量（mm）。计算结果见表 5-5。

表 5-5　百年一遇清水流量计算参数及结果（采用经验公式）

冲沟编号	I/‰	F/km^2	S_p/mm	Q_P1%/($m^3 \cdot s^{-1}$)
1#（干登）	172.0	67.83	18.5	60.00
5#（朗佳 1 号）	541.0	1.84	18.5	5.12
7#（朗佳 2 号）	347.0	7.86	18.5	14.03
6#（朗新 1 号）	603.0	1.45	18.5	4.50
8#（朗新 2 号）	628.0	3.17	18.5	10.24
10#（朗新 3 号）	509.0	4.12	18.5	10.79
14#（朗且嘎）	333.0	24.09	18.5	41.26

两种公式计算的结果十分接近，按照对重点沟谷取最大值的原则及考虑计算方法的统一性，本次清水流量采用中铁第一勘察设计院集团有限公司公式计算的成果（表 5-4）。

三、泥石流流量计算

根据《泥石流灾害防治工程勘查规范》（DZ/T 0220—2006），泥石流峰值流量采用雨洪法进行计算。

雨洪法假设泥石流与暴雨洪水同频率且同步发生，即泥石流流量是以暴雨洪峰流量为基础，考虑到大量泥砂物质的加入，将清水流量增大 Φ_c 倍。计算公式为

$$Q_c = (1 + \Phi_c) Q_p \cdot D_c \tag{5-13}$$

式中：Q_c 为频率为 P 的泥石流峰值流量（m^3/s）；Q_p 为频率为 P 的暴雨洪水设计流量（m^3/s）；Φ_c 为泥石流泥砂修正系数，$\Phi_c = (\gamma_c - \gamma_W)/(\gamma_H - \gamma_c)$，其中 γ_c 为泥石流密度（t/m^3），γ_w 为清水密度（t/m^3），取为 1，γ_H 为泥石流中固体物质密度（t/m^3），根据现场实验取为 2.65t/m^3；D_c 为泥石流堵塞系数，查经验表 5-6 取值。

表 5-6　泥石流堵塞系数 D_c 值取值表

堵塞程度	特征	堵塞系数 D_c
严重	河槽弯曲，河段宽窄不均，卡口、陡坎多。大部分冲沟交汇角大，形成区集中。物质组成黏性大，稠度高，沟槽堵塞严重，阵流间隔时间长	>2.5
中等	沟槽较顺直，沟段宽窄较均匀，陡坎、卡口不多。主冲沟交角多小于60°，形成区不太集中。河床堵塞情况一般，流体多呈稠浆—稀粥状	1.5～2.5
轻微	沟槽较顺直，主冲沟交汇角小，基本无卡口、陡坎，形成区分散。物质组成黏度小，阵流的间隔时间短而少	<1.5

不同频率下的泥石流流量（表 5-7）、流速及冲击力等计算按考虑以下因素：

（1）泥石流重度的频率分布尚未做过实质性的研究，故本次不论何种频率，均采用最大值。

（2）各种频率下的清水流量参照桑日县比巴河防洪工程设计中采用的西藏自治区水文水资源局制定的本区频率分布特征，即 $C_v=0.33$、$C_s=2C_v$，按皮尔逊Ⅲ型曲线查找模比系数后确定。

（3）各种频率下的流速，按相应频率的流量和沟床特征分析计算，见表 5-8。

（4）对于降雨量小于 15mm 的沟道泥石流不能启动，计算采用清水流量。

表 5-7　泥石流流量计算表

（采用中铁第一勘察设计院集团有限公司计算公式）

冲沟编号	F/km²	Q_P/(m³·s⁻¹)	y_c/(kN·m⁻³)	Φ_c	D_c	Q_P(1%)/(m³·s⁻¹)
1#（干登）	67.83	67.13	15.58	0.55	1.20	124.82
5#（朗佳1号）	1.84	4.55	14.41	0.39	1.10	6.98
7#（朗佳2号）	7.86	19.72	14.50	0.42	1.10	30.71
6#（朗新1号）	1.45	3.15	13.62	0.31	1.10	4.55
8#（朗新2号）	3.17	7.96	13.82	0.33	1.10	11.63
10#（朗新3号）	4.12	7.76	13.52	0.30	1.10	11.07
14#（朗且嘎）	24.09	44.09	15.39	0.53	1.20	80.71

表 5-8　不同频率下的泥石流流量计算表

冲沟编号	$Q_P/(m^3 \cdot s^{-1})$					
	频率 1% (K_P=1.923)	频率 2% (K_P=1.788)	频率 3.33% (K_P=1.684)	频率 5% (K_P=1.597)	频率 10% （清水） (K_P=1.439)	频率 20% （清水） (K_P=1.262)
1#（干登）	124.82	116.06	109.31	103.66	44.90	39.38
5#（朗佳 1 号）	6.98	6.49	6.11	5.80	3.83	3.36
7#（朗佳 2 号）	30.71	28.55	26.89	25.50	10.50	9.21
6#（朗新 1 号）	4.55	4.23	3.98	3.78	3.37	2.95
8#（朗新 2 号）	11.63	10.81	10.18	9.66	7.66	6.72
10#（朗新 3 号）	11.07	10.29	9.69	9.19	8.07	7.08
14#（朗且嘎）	80.71	75.04	70.68	67.03	30.88	27.08

第三节　泥石流流速

泥石流流速计算公式大多是在水力学流速计算公式的基础上加以修正而成的。泥石流与水流的运动阻力有较大的差别。如果说水流的阻力主要表现在床面和边壁的摩擦的话，那么泥石流的阻力则更多地体现在流体本身的内阻，如由细颗粒组成的浆液的黏性阻力以及粗颗粒之间由于互相碰撞摩擦所产生的阻力。因此，在泥石流流速计算公式中的沟床糙率系数 $M_c(1/n_c)$ 不仅包含了边界的摩擦阻力，同时也包含了流体的内阻力。一般来说，流体的黏性阻力不是很大，有时还会因黏性的增大而“悬浮”起更多的较粗颗粒，从而减少粗颗粒的数量及内摩擦阻力。一般来说，泥石流的阻力在水石流中最大，稀性泥石流中次之，黏性泥石流又次之，泥流中最小（和水流差不多）。对此，在选择 M_c 值要充分考虑各项因素。另外，观测研究表明，泥石流运动中沟床比降的影响没有像水流中那样，也就是说沟床比降的幂次方取 0.5 对泥石流是偏大了。对此在糙率系数表中也有所考虑，即在比降小时 M_c 取较大值，而比降大时 M_c 取较小值。

一、泥石流流速计算

泥石流流速计算公式如下：

$$v_c = M_c \cdot H^{\frac{2}{3}} I_c^{\frac{1}{2}} \tag{5-14}$$

式中：H 为过流水深(m)；I_c 为沟床比降(‰)。

计算参数选取及计算结果见表 5-9 和表 5-10。

表 5-9 泥石流流速计算成果表(百年一遇)

冲沟编号	设计流量/($m^3 \cdot s^{-1}$)	M_c	I_c	H/m	过流断面/m^2	v_c /($m \cdot s^{-1}$)
1#(干登)	124.82	9.00	0.172	1.20	29.64	4.21
5#(朗佳 1 号)	6.98	7.00	0.541	0.42	1.21	5.78
7#(朗佳 2 号)	30.71	9.00	0.347	0.44	6.44	4.77
6#(朗新 1 号)	4.55	7.00	0.603	0.17	1.36	3.34
8#(朗新 2 号)	11.63	7.00	0.628	0.16	3.56	3.27
10#(朗新 3 号)	11.07	7.00	0.509	0.25	2.80	3.96
14#(朗且嘎)	80.71	9.00	0.333	1.12	14.41	5.60

表 5-10 不同频率下的泥石流流速计算成果表

冲沟编号	v_c /($m \cdot s^{-1}$)					
	频率 1%	频率 2%	频率 3.33%	频率 5%	频率 10%	频率 20%
1#(干登)	4.21	3.92	3.70	3.49	3.16	2.78
5#(朗佳 1 号)	5.78	5.38	5.09	4.80	4.34	3.81
7#(朗佳 2 号)	4.77	4.44	4.20	3.96	3.58	3.15
6#(朗新 1 号)	3.34	3.11	2.94	2.77	2.51	2.20
8#(朗新 2 号)	3.27	3.04	2.88	2.71	2.45	2.16
10#(朗新 3 号)	3.96	3.68	3.48	3.29	2.97	2.61
14#(朗且嘎)	5.60	5.21	4.93	4.65	4.20	3.70

二、泥石流中石块运动速度计算

泥石流中石块运动速度计算公式如下：

$$v_s = \alpha\sqrt{d_{max}} \tag{5-15}$$

式中：v_s 为泥石流中大石块的移动速度(m/s)；d_{max} 为泥石流堆积物中最大石块的粒径(m)，根据调查，百年一遇泥石流可带动的最大砾石粒径约1.0m；α 为全面考虑泥石流重度、石块密度、石块形状、沟床比降等因素的摩擦系数，$3.5\leqslant\alpha\leqslant4.5$。计算参数取值及结果列于表5-11。

表5-11　泥石流中石块运动速度计算成果表

冲沟编号	d_{max} /m	α	v_s /(m·s^{-1})
1#(干登)	0.8	4	3.10
5#(朗佳1号)	0.3	3.5	1.92
7#(朗佳2号)	0.3	3.5	1.92
6#(朗新1号)	0.4	3.5	2.71
8#(朗新2号)	0.4	3.5	2.71
10#(朗新3号)	0.6	3.5	3.13
14#(朗且嘎)	1.0	4	4.00

泥石流中大块石的运动是在流体的携带下运动的，其运动速度 v_s 一般应小于泥石流的流速 v_c。从表5-11的计算结果可知，一般有 $v_s < v_c$。因此，此计算结果应是可信的。同时，可以看出运动速度 v_s 应是泥石流中块石能够运动的启动速度。

第四节　泥石流一次最大冲出量

一、泥石流一次最大冲出量确定方法

泥石流一次最大冲出量可通过计算法和实测法确定，实测法精度高，但往往不具备条件，一般只采用经验公式对其作粗略的概算。

按《泥石流灾害防治工程勘查规范》(DZ/T 0220—2006)规范性附录I中推荐的经验公式计算法，对一次泥石流过程总量和一次泥石流冲出的固体物质的

总量进行计算。

经验公式计算法一般根据泥石流历时 t(s)和最大流量 Q_c(m^3/s)，按泥石流暴涨暴落的特点，将过程概化成五角形，按下式进行计算：

$$Q = 0.264t Q_c \tag{5-16}$$

式中：Q 为一次泥石流过程总量(m^3)；t 为泥石流历时(s)，一般可用设计洪水过程线概化矩形历时代替，计算详见《水文地质手册》(地质矿产部水文地质工程地质技术方法研究队)；Q_c 为泥石流最大流量(m^3/s)。根据泥石流的实际情况，采用上述公式可获得泥石流的一次泥石流过程总量，见表 5-12 和表 5-13。

表 5-12　百年一遇泥石流总量计算成果表[采用《泥石流灾害防治工程勘查规范》(DZ/T 0220—2006)推荐经验公式]

冲沟编号	$Q_c/(m^3 \cdot s^{-1})$	t/h	$Q/10^4 m^3$
1#(干登)	124.82	2.03	24.08
5#(朗佳 1 号)	6.98	0.55	0.37
7#(朗佳 2 号)	30.71	0.61	1.78
6#(朗新 1 号)	4.55	0.71	0.31
8#(朗新 2 号)	11.63	0.57	0.63
10#(朗新 3 号)	11.07	0.32	0.34
14#(朗且嘎)	80.71	1.0	7.67

表 5-13　不同频率的一次泥石流总量计算成果表

冲沟编号	$Q/10^4 m^3$					
	频率 1%	频率 2%	频率 3.33%	频率 5%	频率 10%(清水)	频率 20%(清水)
1#(干登)	24.08	22.64	21.67	20.71	8.66	7.60
5#(朗佳 1 号)	0.37	0.35	0.33	0.32	0.20	0.18
7#(朗佳 2 号)	1.78	1.67	1.60	1.53	0.61	0.53
6#(朗新 1 号)	0.31	0.29	0.28	0.27	0.23	0.20
8#(朗新 2 号)	0.63	0.59	0.57	0.54	0.41	0.36

续表 5-13

冲沟编号	$Q/10^4\,m^3$					
	频率 1%	频率 2%	频率 3.33%	频率 5%	频率 10%（清水）	频率 20%（清水）
10＃(朗新 3 号)	0.34	0.32	0.31	0.29	0.25	0.22
14＃(朗且嘎)	7.67	7.21	6.90	6.60	2.93	2.57

二、一次泥石流冲出的固体物质总量

根据计算出的一次泥石流过程总量，一次泥石流冲出的固体物质总量计算如下：

$$Q_H = \frac{\gamma_c - \gamma_w}{\gamma_H - \gamma_w} Q \tag{5-16}$$

式中：Q_H 为一次泥石流冲出的固体物质总量（m^3）；计算结果见表 5-14。γ_c 为泥石流重度（kN/m^3）；γ_w 为清水的重度（kN/m^3）；γ_H 为泥石流中固体物质重度（kN/m^3）。计算结果见表 5-14。

表 5-14　百年一遇泥石流固体物质冲出总量计算成果表

冲沟编号	γ_c /（$kN \cdot m^{-3}$）	γ_w /（$kN \cdot m^{-3}$）	γ_H /（$kN \cdot m^{-3}$）	Q /$10^4\,m^3$	Q_H /$10^4\,m^3$
1＃(干登)	15.58	9.8	25.97	24.08	8.6
5＃(朗佳 1 号)	14.41	9.8	25.97	0.37	0.11
7＃(朗佳 2 号)	14.50	9.8	25.97	1.78	0.51
6＃(朗新 1 号)	13.62	9.8	25.97	0.31	0.07
8＃(朗新 2 号)	13.82	9.8	25.97	0.63	0.16
10＃(朗新 3 号)	13.52	9.8	25.97	0.34	0.15
14＃(朗且嘎)	15.39	9.8	25.97	7.67	2.64

表 5-15　不同频率下一次泥石流固体物质冲出总量计算成果表

冲沟编号	$Q_H/10^4 m^3$					
	频率 1%	频率 2%	频率 3.33%	频率 5%	频率 10%（清水）	频率 20%（清水）
1#（干登）	8.6	7.95	7.53	7.10	—	—
5#（朗佳 1 号）	0.11	0.10	0.09	0.09	—	—
7#（朗佳 2 号）	0.51	0.47	0.45	0.42	—	—
6#（朗新 1 号）	0.07	0.06	0.06	0.06	—	—
8#（朗新 2 号）	0.16	0.15	0.14	0.13	—	—
10#（朗新 3 号）	0.15	0.14	0.13	0.12	—	—
14#（朗且嘎）	2.64	2.44	2.31	2.18	—	—

第五节　泥石流冲击力

一、泥石流整体冲击力

泥石流整体冲击力 δ 按《泥石流灾害防治工程勘查规范》（DZ/T 0220—2006）规范性附录 I 中推荐的中铁二院工程集团有限责任公司（成昆、东川两线）公式进行计算。计算公式如下：

$$\delta = \left(\frac{\gamma_c}{g} v_c^2 \sin\alpha\right) \cdot \lambda \tag{5-18}$$

式中：δ 为泥石流整体冲击力（Pa）；g 为重力加速度（m/s^2），取 $g=9.8m/s^2$；α 为建筑物受力面与泥石流冲击力方向的夹角（°）；λ 为建筑物形状系数，圆形建筑物为1.0，矩形建筑物为 1.33，方形建筑物为 1.47；其他符号意义同前。

对各沟泥石流在不同频率下整体冲击力进行计算，同时，建筑物形状考虑为矩形，即 $\lambda=1.33$，而建筑物受力面与泥石流冲击力方向的夹角取为 90°，计算结果见表 5-16 和表 5-17。

表 5-16 百年一遇泥石流的整体冲击压力计算成果表

冲沟编号	γ_c /(kN·m^{-3})	v_c /(m·s^{-1})	δ /kPa
1#(干登)	15.58	4.21	37.46
5#(朗佳 1 号)	14.41	5.78	66.40
7#(朗佳 2 号)	14.50	4.77	45.86
6#(朗新 1 号)	13.62	3.34	21.05
8#(朗新 2 号)	13.82	3.27	20.43
10#(朗新 3 号)	13.52	3.96	29.39
14#(朗且嘎)	15.39	5.60	66.75

表 5-17 不同频率下的整体冲击力计算成果表

冲沟编号	δ /kPa					
	频率 1%	频率 2%	频率 3.33%	频率 5%	频率 10%	频率 20%
1#(干登)	37.46	32.40	29.01	25.81	21.07	16.32
5#(朗佳 1 号)	66.40	57.43	51.42	45.74	37.35	28.92
7#(朗佳 2 号)	45.86	39.66	35.51	31.59	25.80	19.98
6#(朗新 1 号)	21.05	18.21	16.30	14.50	11.84	9.17
8#(朗新 2 号)	20.43	17.67	15.82	14.07	11.49	8.90
10#(朗新 3 号)	29.39	25.42	22.76	20.25	16.53	12.80
14#(朗且嘎)	66.75	57.73	51.69	45.98	37.55	29.08

二、泥石流中大石块对墩的冲击力

按《泥石流灾害防治工程勘查规范》(DZ/T 0220—2006)规范性附录 I 中的泥石流大石块对墩的冲击力公式进行计算。计算公式如下：

$$F=\gamma \cdot v_c \cdot \sin\alpha[W/(C_1+C_2)] \tag{5-19}$$

式中：F 为泥石流中大石块对墩的冲击力(kN)；γ 为动能折减系数，一般取 0.3；v_c为泥石流流速(m/s)；W 为泥石流中大石块的重量(kN)；α 为墩受力面与泥石流冲击力方向的夹角(°);C_1、C_2分别为大石块、墩的弹性变形系数(m/s),$C_1+C_2=0.005$m/s。

对各沟泥石流在不同频率下对墩的冲击力进行计算,同时,将泥石流中的大石块近似地认为呈圆形,密度按坚硬灰岩密度计算,取 2.76g/cm^3,而墩受力面与泥石流冲击力方向的夹角取为 90°,计算结果见表 5-18 和表 5-19。

表 5-18　百年一遇泥石流对墩的冲击力计算成果表

冲沟编号	W/kN	v_c /(m·s^{-1})	F/kN
1#(干登)	3.12	4.21	78.81
5#(朗佳 1 号)	0.39	5.78	13.52
7#(朗佳 2 号)	0.39	4.77	11.16
6#(朗新 1 号)	0.92	3.34	18.53
8#(朗新 2 号)	0.92	3.27	18.14
10#(朗新 3 号)	7.40	3.96	175.71
14#(朗且嘎)	14.44	5.6	485.32

表 5-19　不同频率下的泥石流对墩的冲击力计算成果表

冲沟编号	F/kN					
	频率 1%	频率 2%	频率 3.33%	频率 5%	频率 10%	频率 20%
1#(干登)	78.81	73.29	69.35	65.41	59.11	52.01
5#(朗佳 1 号)	13.52	12.57	11.90	11.22	10.14	8.92
7#(朗佳 2 号)	11.16	10.38	9.82	9.26	8.37	7.37
6#(朗新 1 号)	18.53	17.23	16.31	15.38	13.90	12.23
8#(朗新 2 号)	18.14	16.87	15.96	15.06	13.61	11.97
10#(朗新 3 号)	175.71	163.41	154.62	145.84	131.78	115.97
14#(朗且嘎)	485.32	451.35	427.08	402.82	363.99	320.31

第六节　泥石流冲起高度

泥石流冲起高度按《泥石流灾害防治工程勘查规范》(DZ/T 0220—2006)中的相关公式进行计算。

泥石流最大冲起高度 ΔH 为

$$\Delta H=\frac{v_c^2}{2g} \tag{5-20}$$

泥石流在爬高过程中由于受到沟床阻力的影响,其爬高 Δh 为

$$\Delta h=0.8\frac{v_c^2}{g} \tag{5-21}$$

式中:v_c为泥石流流速(m/s);g 为重力加速度(m/s^2),取 $g=9.8m/s^2$。

对各沟泥石流在不同频率下的最大冲起高度 ΔH 与在爬高过程中由于受到沟床阻力影响的爬高 Δh 进行计算,计算结果见表 5-20 和表 5-21。

表 5-20　百年一遇泥石流的冲起高度 ΔH 和爬高 Δh 计算成果表

冲沟编号	$v_c/(m\cdot s^{-1})$	$\Delta H/m$	$\Delta h/m$
1#(干登)	4.21	0.90	1.45
5#(朗佳1号)	5.78	1.70	2.73
7#(朗佳2号)	4.77	1.16	1.86
6#(朗新1号)	3.34	0.57	0.91
8#(朗新2号)	3.27	0.55	0.87
10#(朗新3号)	3.96	0.80	1.28
14#(朗且嘎)	5.60	1.60	2.56

表 5-21　不同频率下的泥石流冲起高度 ΔH 和爬高 Δh 计算成果表

冲沟编号	频率 1%		频率 2%		频率 3.33%		频率 5%		频率 10%		频率 20%	
	ΔH/m	Δh/m	ΔH/m	Δh/m	ΔH/m	Δh/m	ΔH/m	Δh/m	ΔH/m	Δh/m	ΔH/m	Δh/m
1#（干登）	0.90	1.45	0.84	1.35	0.79	1.28	0.75	1.20	0.68	1.09	0.59	0.96
5#（朗佳 1 号）	1.70	2.73	1.58	2.54	1.50	2.40	1.41	2.27	1.28	2.05	1.12	1.80
7#（朗佳 2 号）	1.16	1.86	1.08	1.73	1.02	1.64	0.96	1.54	0.87	1.40	0.77	1.23
6#（朗新 1 号）	0.57	0.91	0.53	0.85	0.50	0.80	0.47	0.76	0.43	0.68	0.38	0.60
8#（朗新 2 号）	0.55	0.87	0.51	0.81	0.48	0.77	0.46	0.72	0.41	0.65	0.36	0.57
10#（朗新 3 号）	0.80	1.28	0.74	1.19	0.70	1.13	0.66	1.06	0.60	0.96	0.53	0.84
14#（朗且嘎）	1.60	2.56	1.49	2.38	1.41	2.25	1.33	2.12	1.20	1.92	1.06	1.69

第六章

泥石流灾害及危险性评价

本章主要围绕研究区内各泥石流沟谷、沃卡河与拟建工程的相对位置关系对拟建工程的危险性进行评价。

第一节　泥石流灾害史

因研究区人烟稀少，大部分沟道内人迹罕至，泥石流成灾的可能性小，且根据调查判定，近年来研究区内较大的两条泥石流沟[1＃（干登）冲沟、14＃（朗且嘎）冲沟]均处于间歇（多年暴发一次，并不是每年频发）状态，并未暴发大规模泥石流危害，仅1＃（干登）冲沟有过淹没沟口道路、冲断引水渠道的历史，但均未造成人员伤亡。

第二节　泥石流的危害对象

根据《泥石流灾害防治工程勘查规范》（DZ/T 0220—2006）规范性附录D，单沟泥石流危险区包括泥石流形成区、流通区和堆积区范围，其中堆积区是危害成灾的主要部位。研究区泥石流主要危害范围为各冲沟泥石流沟道、沟口堆积区及雅鲁藏布江。拟建项目主要有渣场、骨料料场、坝址及通行道路。骨料料场位置较高，位于泥石流可威胁的范围之外，渣场位于沃卡河河岸，泥石流沟主要威胁对象为拟建坝址及道路。雅鲁藏布江左侧冲沟暴发泥石流可能冲毁通行道路，1＃（干登）冲沟及14＃（朗且嘎）冲沟暴发泥石流可能挤压雅鲁藏布江。研究区内各泥石流沟一旦暴发，对拟建坝体库容均有影响，而影响大小跟一次最大冲出量有关。

第三节　泥石流堵塞雅鲁藏布江的可能性分析

各沟道泥石流一次冲出的固体物质总量汇入雅鲁藏布江内，根据堆积高度判定堵塞江道的可能性。

根据第五章泥石流一次最大冲出量的计算结果，研究区内5＃（朗佳1号）、

7#(朗佳2号)、4#、6#(朗新1号)、8#(朗新2号)冲沟一次冲出量小于$0.5\times 10^4 m^3$,冲出固体物质量较小,将堆积于洪积扇上部,冲入雅鲁藏布江的固体物质亦会被水流冲走或沉积,远不足以堵塞江道。1#(干登)、14#(朗且嘎)冲沟冲出固体物质总量分别为$8.6\times 10^4 m^3$、$2.64\times 10^4 m^3$。根据堆积体特征,将江面至泥石流山体出口段简化为堆积锥形体,江面段简化为三角堆积体,可推出下列计算公式:

$$S\times B+1/3\times S\times L=V$$
$$S=h\times b \tag{6-1}$$

式中:S为江面处堆积体简化三角形面积(m^2);B为江面堆积平均宽度(江宽)(m);L为江面至山口堆积处水平距离(m);V为一次冲出固体物质总体积(m^3);b为江面堆积平均宽度(m)(取洪积扇前缘宽度);h为江面堆积高度(m)。

根据上述简化公式(6-1)计算1#(干登)、14#(朗且嘎)冲沟江面堆积高度,结果见表6-1。

表6-1　江面堆积高度简化计算参数及结果

冲沟编号	一次冲出量/m^3	洪积扇前缘宽度/m	江面平均宽度/m	山口至江面距离/m	江面堆积高度/m
1#(干登)	86 000	338.75	137.78	449.15	0.39
14#(朗且嘎)	26 400	317.03	99.69	391.71	0.18

根据计算,1#(干登)、14#(朗且嘎)冲沟百年一遇冲出的固体物质在雅鲁藏布江内堆积高度分别为0.39m、0.18m[含冲出瞬间被降水水流带走部分],江内自然冲刷的过流高度远远大于抬高高度,百年一遇洪水几乎无堵塞江道的可能。

第四节　泥石流的发展趋势预测

研究区泥石流除1#(干登)及14#(朗且嘎)冲沟处于间歇期外,其余冲沟均处于发展期,泥石流的暴发频率呈上升趋势,由于目前对泥石流没有较为有效的综合治理措施,泥石流造成危害的大小和范围亦随之呈上升趋势。随着时间的推移,危害区内还会有各类设施新建,区内人口数量与人口密度亦会增加,社会经济价值在增大，泥石流可能造成的灾损度亦会提高。研究区泥石流的危害范围在目前仅局限于研究区沟道及沟口居民道路，小雨情况下洪流一般可安全过流进入雅鲁藏布江。若遇极端天气形成的超过设防标准的泥石流，届时将会造成较大的危害。

拟建项目水库的初拟正常蓄水位3540m，坝前壅水高95.0m，总库容$1.445\times10^8m^3$，最大坝高145m。因水位高，对泥石流固体颗粒的顶托作用相应增大，如遇大的泥石流活动，库水位的顶托作用可回顶颗粒物质就地停淤在各冲沟沟道内，根据库水位高度、颗粒级配及颗粒重度结合经验确定，粒径大于2mm的固体颗粒均会停淤在冲沟沟口形成沟口堆积扇，并且不断向上游发展。因此建设水库可在一定程度上遏制泥石流的发展，且水位的升高减小了1#（干登）及14#（朗且嘎）冲沟堵塞雅鲁藏布江的可能性。

第五节 泥石流的发展趋势预测

1.区域泥石流活动性评判

根据《泥石流灾害防治工程勘查规范》(DZ/T 0220—2006)，结合研究区暴雨资料及前述泥石流形成的相关地质环境条件进行统计分析，对区域性泥石流活动进行综合评判量化，按表6-2确定研究区泥石流灾害的活动性。

表6-2 区域性泥石流活动综合评判量化表

地面条件类型	极易活动区	评分/分	易活动区	评分/分	轻微活动区	评分/分	不易活动区	评分/分
综合雨情	$R>10$	4	$R=4.2\sim10$	3	$R=3.1\sim4.2$	2	$R<3.1$	1
阶梯地形	两个阶梯的连接地带	4	阶梯内中高山区	3	阶梯内低山区	2	阶梯内丘陵区	1
构造活动影响(断裂、抬升)	大	4	中	3	小	2	无	1
地震	$M_s\geq7$级	4	$M_s=5\sim7$级	3	$M_s<5$级	2	无	1

续表 6-2

地面条件类型	极易活动区	评分/分	易活动区	评分/分	轻微活动区	评分/分	不易活动区	评分/分
岩性	软岩、黄土	4	软、硬相间	3	风化和节理发育的硬岩	2	质地良好硬岩	1
松散物及人类不合理活动	很丰富，>10×$10^4m^3/km^2$	4	丰富，(5～10)×$10^4m^3/km^2$	3	较少，(1～5)×$10^4m^3/km^2$	2	少，<1×$10^4m^3/km^2$	1
植被覆盖率	<10%	4	10%～30%	3	30%～60%	2	>60%	1

注：R 为暴雨强度指标，可采用下式计算：

$$R=K(H_{24}/H_{24(D)}+h_1/H_{1(D)}+H_{1/6}/H_{1/6(D)})$$（通过计算为 4.0）

式中：K 为前期降雨修正系数，无前期降雨时，$K=1$；有前期降雨时，可暂时假定 $K=1.1\sim1.2$，这里取值 1.2；H_{24} 为 24h 最大降雨量(mm)，区内为 42mm；H_1 为 1h 最大降雨量(mm)，区内为 18.5mm；$H_{1/6}$ 为 10min 最大降雨量(mm)，取 5.3mm；$H_{24(D)}$、$H_{1(D)}$、$H_{1/6(D)}$ 为该地区可能发生泥石流 24h、1h、10min 的界限雨值，根据《泥石流灾害防治工程勘查规范》(DZ/T 0220—2006)，区内分别取值 25mm、15mm、5mm。

经计算，区域暴雨强度指标 $R=4.0$。按《泥石流灾害防治工程勘查规范》(DZ/T 0220—2006)规范性附录 B 的相关标准，$R=4.0$ 时，泥石流灾害发生的概率为 0.2～0.8。可见，在百年一遇的降水条件下调查研究区及其邻域范围内均为泥石流较易发区，发生泥石流地质灾害的概率较大(表 6-3、表 6-4)。

经对研究区所在的区域进行泥石流活动性综合评判(表 6-4)，研究区区域泥石流活动综合评判得分为 24 分。因此，调查研究区属泥石流极易活动区。

表 6-3　区域泥石流活动量化分级标准表

分区	区域泥石流活动综合评判得分/分
极易活动区	22～28
易活动区	15～21
轻微活动区	8～14
不易活动区	<8

表 6-4　泥石流活动综合评判得分成果表

地面条件类型	综合雨情	阶梯地形	构造活动影响（断裂、抬升）	地震	岩性	松散物及人类不合理活动	植被覆盖率	合计
评判得分/分	4	3	4	4	2	4	3	24

2.单沟泥石流沟易发程度评价

按《泥石流灾害防治工程勘查规范》(DZ/T 0220—2006)规范性附录G泥石流沟的数量化综合评判及易发程度等级标准，结合研究区反映泥石流活动条件的诸因素，选择15项代表因素对研究区进行泥石流沟易发程度数量化评分与综合评价。

根据《泥石流灾害防治工程勘查规范》(DZ/T 0220—2006)，泥石流沟易发程度数量化评分标准见表6-5，泥石流沟易发程度数量化综合评判等级标准见表6-6，研究区内泥石流沟易发程度数量化评分与综合评判结果见表6-7。

表 6-5　泥石流沟易发程度数量化评分标准表

序号	影响因素	量级划分							
		极易发(A)	得分/分	中等易发(B)	得分/分	轻度易发(C)	得分/分	不易发(D)	得分/分
1	崩塌、滑坡及水土流失(自然和人为活动的)严重程度	崩塌、滑坡等重力侵蚀严重，多层滑坡和大型崩坍，表土疏松，冲沟发育	21	崩坍、滑坡发育，多层滑坡和中小型崩坍，有零星冲沟发育	16	有零星崩坍、滑坡和冲沟存在	12	无崩坍、滑坡、冲沟或发育轻微	1

续表 6-5

序号	影响因素	量级划分							
		极易发(A)	得分/分	中等易发(B)	得分/分	轻度易发(C)	得分/分	不易发(D)	得分/分
2	泥砂沿程补给长度比	>60%	16	30%～60%	12	10%～30%	8	<10%	1
3	沟口泥石流堆积活动程度	主河河流弯曲或堵塞，主流受挤压偏移	14	主河河形无较大变化，仅主流受迫偏移	11	主河河形无变化，主河在高水位时偏移，低水位时不偏移	7	主河无河形变化，主流不偏移	1
4	河沟纵坡降	>12°(213‰)	12	6°～12°(105‰～213‰)	9	3°～6°(52‰～105‰)	6	<3°(52‰)	1
5	区域构造影响程度	强抬升区，Ⅷ度以上地震区，断层破碎带	9	抬升区，Ⅶ～Ⅷ度地震区，有中小支断层	7	相对稳定区，Ⅶ度以下地震区，有小断层	5	沉降区，构造影响小或无影响	1
6	流域植被覆盖率	<10%	9	10%～30%	7	30%～60%	5	>60%	1
7	河沟近期一次变幅	2m	8	1～2m	6	0.2～1m	4	<0.2m	1

续表 6-5

序号	影响因素	量级划分							
		极易发(A)	得分/分	中等易发(B)	得分/分	轻度易发(C)	得分/分	不易发(D)	得分/分
8	岩性影响	软岩、黄土	6	软硬相间	5	风化强烈和节理发育的硬岩	4	硬岩	1
9	沿沟松散物储量	＞10×10^4 m^3/km^2	6	(5～10)×10^4 m^3/km^2	5	(1～5)×10^4 m^3/km^2	4	＜1×10^4 m^3/km^2	1
10	沟岸山坡坡度	＞32°(625‰)	6	25°～32°(466‰～625‰)	5	15°～25°(268‰～466‰)	4	＜15°(268‰)	1
11	产砂区沟槽横断面	“V”形、“U”形、谷中谷	5	宽“U”形谷	4	复式断面	3	平坦型	1
12	产砂区松散物平均厚度	＞10m	5	5～10m	5	1～5m	4	＜1m	1
13	流域面积	0.2～5km^2	5	5～10km^2	4	10～100km^2	3	＞100km^2	1
14	流域相对高差	＞500m	4	300～500m	3	100～300m	2	＜100m	1
15	河沟堵塞程度	严重	4	中等	3	轻微	2	无	1

表 6-6　泥石流沟易发程度数量化综合评判等级标准表

是与非的判别界限值		划分易发程度等级的界限值	
等级	标准得分 N 的范围/分	等级	按标准得分 N 的范围自判/分
是	44～130	极易发	116～130
		易发	87～115
		轻度易发	44～86
非	15～43	不发生	15～43

表 6-7　研究区内的泥石流沟易发程度数量化评分与综合评判结果表

序号	影响因素	得分/分						
		1＃（干登）	3＃	7＃（朗佳 2 号）	6＃（朗新 1 号）	8＃（朗新 2 号）	10＃（朗新 3 号）	14＃（朗且嘎）
1	崩塌、滑坡及水土流失（自然和人为活动的）严重程度	12	12	12	12	12	12	12
2	泥砂沿程补给长度比	1	1	1	1	1	1	1
3	沟口泥石流堆积活动程度	7	1	1	1	1	1	1
4	河沟纵坡降	9	12	12	12	12	12	12
5	区域构造影响程度	9	9	9	9	9	9	9
6	流域植被覆盖率	7	7	7	7	7	7	7
7	河沟近期一次变幅	1	1	1	1	1	1	1
8	岩性影响	4	4	4	4	4	4	4
9	沿沟松散物储量	4	4	4	1	1	1	1
10	沟岸山坡坡度	4	5	6	1	1	4	6
11	产砂区沟槽横断面	1	5	5	5	5	5	1
12	产砂区松散物平均厚度	1	1	1	1	1	1	1

续表 6-7

序号	影响因素	得分/分						
		1#（干登）	3#	7#（朗佳2号）	6#（朗新1号）	8#（朗新2号）	10#（朗新3号）	14#（朗且嘎）
13	流域面积	3	4	4	4	4	4	3
14	流域相对高差	4	4	4	4	4	4	4
15	河沟堵塞程度	2	2	2	2	2	2	2
16	得分合计	69	72	73	65	65	68	65
17	综合评判结果	轻度易发	轻度易发	轻度易发	轻度易发	轻度易发	轻度易发	轻度易发

可见，研究区内的各沟为轻度易发性的泥石流沟，与调查的实际情况比较吻合。

3. 单沟泥石流危险性划分

1）泥石流活动强度判别

根据《泥石流灾害防治工程勘查规范》（DZ/T 0220—2006），可按表 6-8 的判别标准对研究区内泥石流的活动强度进行判别。

根据前文所述及表 6-5 对研究区泥石流的相关描述，泥石流的泥砂补给长度比小于 10%，堆积扇规模较小，松散物储量部分沟道大于 $10\times10^4\ m^3/km^2$。综合判定，研究区内 1#（干登）、5#（朗佳 1 号）、7#（朗佳 2 号）、14#（朗且嘎）冲沟为活动性较强泥石流沟，6#（朗新 1 号）、8#（朗新 2 号）、10#（朗新 3 号）冲沟为活动性弱泥石流沟。

表 6-8　泥石流活动强度判别标准表

活动强度	堆积扇规模	主河河形变化	主流偏移程度	泥砂补给长度比/%	松散物储量/（$10^4\ m^3\cdot km^{-2}$）	松散体变形量	暴雨强度指标 R
很强	很大	被逼弯	弯曲	＞60	＞10	很大	＞10
强	较大	微弯	偏移	30～60	5～10	较大	4.2～10
较强	较小	无变化	大水偏	10～30	1～5	较小	3.1～4.2
弱	小或无	无变化	不偏	＜10	＜1	小或无	＜3.1

2)泥石流活动危险度判别

根据《泥石流灾害防治工程勘查规范》(DZ/T 0220—2006)，泥石流活动危险度判别按下式进行：

$$危险程度(D)=\frac{泥石流的致灾能力(F)}{受灾体的承(抗)灾能力(E)} \tag{6-2}$$

$D<1$ 时，受灾体处于安全工作状态，成灾可能性小；$D>1$ 时，受灾体处于危险工作状态，成灾可能性大；$D\approx1$ 时，受灾体处于灾变的临界工作状态，成灾与否的概率各占50%。

(1)泥石流致灾能力 F 的确定。泥石流致灾能力 F 可按表6-9进行分级量化，$F=13\sim16$ 分，综合致灾能力很强；$F=10\sim12$ 分，综合致灾能力强；$F=7\sim9$ 分，综合致灾能力较强；$F=4\sim6$ 分，综合致灾能力弱。

根据研究区内各泥石流的活动强度、活动规模、发生频率和堵塞程度，按表6-10进行分级量化评分，得 $F=11$ 分，说明研究区的综合致灾能力强。

表6-9　致灾体的综合致灾能力分级量化表　　单位：分

活动强度	很强	4	强	3	较强	2	弱	1
活动规模	特大型	4	大型	3	中型	2	小型	1
发生频率	极低频	4	低频	3	中频	2	高频	1
堵塞程度	严重	4	中等	3	轻微	2	无堵塞	1

表6-10　综合致灾能力分级量化表

冲沟编号	活动强度	评分/分	活动规模	评分/分	发生频率	评分/分	堵塞程度	评分/分	合计/分
1#(干登)	较强	2	中型	2	低频	3	轻微	2	9
5#(朗佳1号)	较强	2	小型	1	低频	3	轻微	2	8
7#(朗佳2号)	较强	2	小型	1	低频	3	轻微	2	8
6#(朗新1号)	弱	1	小型	1	低频	3	轻微	2	7
8#(朗新2号)	弱	1	小型	1	低频	3	轻微	2	7

续表 6-10

冲沟编号	活动强度	评分/分	活动规模	评分/分	发生频率	评分/分	堵塞程度	评分/分	合计/分
10#(朗新3号)	弱	1	小型	1	低频	3	轻微	2	7
14#(朗且嘎)	较强	2	中型	1	低频	3	轻微	2	8

(2)受灾体(建筑物)的综合承(抗)灾能力 E 的确定。受灾体(建筑物)的综合承(抗)灾能力 E 可按表 6-11 进行分级量化,$E=4\sim6$ 分,综合承(抗)灾能力很差;$E=7\sim9$ 分,综合承(抗)灾能力差;$E=10\sim12$ 分,综合承(抗)灾能力较好;$E=13\sim16$ 分,综合承(抗)灾能力好。研究区泥石流主要威胁对象为坝体及库容,坝体稳定性按良好取,因库容为 $1.445\times10^8\,m^3$,泥石流冲出物量相比库容量较小,对库容影响亦小,但对松散物均无有效的拦截措施,松散物源将全部汇流到库容内。因此,综合承灾能力按较好取。

表 6-11　受灾体(建筑物)的综合承(抗)灾能力分级量化表　　单位:分

设计标准	<5 年一遇	1	5～20 年一遇	2	20～50 年一遇	3	>50 年一遇	4
工程质量	较差,有严重隐患	1	合格,但有隐患	2	合格	3	良好	4
区位条件	极危险区	1	危险区	2	影响区	3	安全区	4
防治工程和辅助工程的效果	较差或工程失效	1	存在较大问题	2	存在部分问题	3	较好	4

研究区泥石流主要威胁对象为坝体稳定性、库容及道路工程,坝体稳定性按良好取最大值 $E=16$ 分,因库容大,泥石流冲出量对其影响小,库容按良好取 $E=16$ 分,道路工程将不设道路涵洞,根据现有道路涵洞按 50a 一遇洪水设计,处于危险区,取 $E=10$ 分。

(3)泥石流活动危险度 D 判别:

$$D=F/E \tag{6-3}$$

计算结果见表 6-12。

表 6-12 各沟道对拟建工程的危险度判别表 单位：分

冲沟编号	致灾能力 F	抗灾能力 E			危险度 D		
		坝体稳定性	库容	道路工程	坝体稳定性	库容	道路工程
1#（干登）	9	16	16	10	0.56	0.56	0.90
5#（朗佳1号）	8	16	16	10	0.50	0.50	0.80
7#（朗佳2号）	8	16	16	10	0.50	0.50	0.80
6#（朗新1号）	7	16	16	10	0.44	0.44	0.70
8#（朗新2号）	7	16	16	10	0.44	0.44	0.70
10#（朗新3号）	7	16	16	10	0.44	0.44	0.70
14#（朗且嘎）	8	16	16	10	0.50	0.50	0.80

可见，各沟泥石流对道路工程有一定的危险性，受灾体在一定情况下仍处于危险工作状态，有成灾的可能性；而各沟泥石流对坝体稳定性及库容的危险性小，受灾体处于安全工作状态，成灾可能性小。

第六节 泥石流的危险区划分

本书根据《泥石流灾害防治工程勘查规范》(DZ/T 0220—2006)单沟泥石流危险区预测计算最危险区范围，并根据实地调查结果结合 GIS 对研究区内泥石流危害综合分区。

（一）单沟泥石流危险区预测

规范规定的单沟泥石流危险区包括泥石流形成区、流通区、堆积区范围，其中堆积区是泥石流的主要成灾部位。由以下经验公式预测泥石流堆积区的最大危险范围 s(km²)，计算结果见表 6-13。

$$s=0.6667L\times B-0.083B^2\sin R/(1-\cos R) \qquad (6\text{-}4)$$

式中：L 为泥石流最大堆积长度(km)，$L=0.8061+0.0015A+0.000033W$，$A$ 为流域面积(km^2)，W 为流域松散固体物质储量($10^4 m^3$)；B 为泥石流最大堆积宽度(km)，$B=0.5425+0.0034D+0.000031W$，$D$ 为主沟长度(km)；R 为泥石流堆积角度(°)，$R=47.8296-1.03085D+8.8876H$；$H$ 为流域最大高差(km)。

表 6-13 各沟道危险区计算参数取值及计算结果

冲沟编号	流域面积/km^2	参与泥石流松散物质量/$10^4 m^3$	主沟长度/km	最大高差/km	最大堆积长度/km	最大堆积宽度/km	堆积坡度/(°)	最大危险范围/km^2
1#(干登)	67.83	28.62	12.11	2.532	0.91	0.59	49.49	0.18
5#(朗佳1号)	1.84	14.17	2.38	2.040	0.81	0.55	57.85	0.02
7#(朗佳2号)	7.86	15.26	2.09	2.460	0.82	0.55	61.96	0.03
6#(朗新1号)	1.45	8.64	1.71	1.368	0.81	0.55	52.75	0.03
8#(朗新2号)	3.17	9.49	2.36	2.249	0.81	0.55	59.73	0.08
10#(朗新3号)	4.12	8.07	3.5	2.248	0.81	0.56	58.23	0.02
14#(朗且嘎)	24.09	25.42	5.45	2.097	0.84	0.56	54.34	0.13

(二)泥石流危险性综合分区

1.分区原则

根据《泥石流灾害防治工程勘查规范》(DZ/T 0220—2006)，结合实地调查、GIS图、单沟泥石流危险区预测计算结果将研究区内泥石流危险性综合分区划分为危险区、影响区、安全区，根据不同频率(小于或等于百年一遇)的泥石流规模及一次冲出量综合分析危险区、影响区及安全区的范围。危险区为泥石流可直接到达的区域或可能直接威胁拟建工程的区域；影响区为泥石流直接到达区外可能间接影响到的区域或泥石流不直接威胁拟建工程但对拟建工程有间接影响到的区域；安全区为泥石流不会直接或间接影响到的区域(上述评价分区在固定频率的基础上分析)。

2.危险性分区及对拟建工程的影响分析

危险区为区内7条泥石流沟在不同频率下可能直接威胁到的区域，为泥石流沟沟口下游及洪积扇一带，泥石流直接威胁拟布置在区内的道路工程及附属工程等，危险性为中等，因拟建坝址均位于区外，所以泥石流对拟建坝体无直接影响。

影响区为区内7条泥石流沟在不同频率下可能间接影响到的区域，为7条泥石流沟高水位线以上加堵塞的壅高水位以下的淹没区及可能间接遭受泥石流危害的牵连区域，主要为各冲沟中—下游沟道、两侧较低沟岸，该区内泥石流间接影响拟布置在区内的道路工程及辅助设施等，危险性为小，并对拟建坝址库容有一定的影响，冲出的固体物质将堆积于水库内，但因工程规模大，库容大，冲出的固体物质对拟建坝体库容的影响轻微，危险性小，对坝体稳定性无影响。

安全区为区内危险性中等、小区外的其余区域，区内的拟建工程不会遭受研究区内7条泥石流沟的影响。

因划分影响区为高水位线以上加堵塞的壅高水位以下的淹没区及可能间接遭受泥石流危害的牵连区域，2%以下影响区经划分差距不甚明显，本次2%以下影响区范围按2%较高划定。5%以下频率不会引发泥石流，威胁为洪水冲蚀（表6-14）。

表6-14　不同频率下的泥石流危险性分区面积

分区	面积/km^2			
	频率1%	频率2%	频率3.33%	频率5%
危险区	0.37	0.35	0.33	0.32
影响区	1.78	1.67	1.60	1.53
无危险区	0.31	0.29	0.28	0.27

注：根据前文论述，10%、20%频率下不会形成泥石流，仅为洪水冲蚀。

第七章

泥石流防治措施及建议

第一节　防治目标与标准

1.保护范围与保护目标

研究区内泥石流防治工程的保护范围主要为沟口地带,保护的目标为拟建水电站构筑物及拟建道路等辅助设施,同时需保障施工期间的人员和财产安全。

2.参数选取

泥石流防治工程标准与建筑物等级一般根据被保护对象的价值及泥石流自身的活动规模与特点综合确定,选用防治标准时同时考虑泥石流的规模、危害程度、受害对象及其可能的变化。根据设计需要及保护对象由设计院选取防治工程标准,根据防治标准等级及前文计算结果选用相关参数。

第二节　泥石流对拟选坝址的威胁

1.各沟谷对拟建坝址的影响

沃卡河、各泥石流冲沟与拟建坝址位置关系见表1-1。

拟建工程与沟道危险区的相互位置不同,泥石流对其影响亦不同。处于危险区的拟建工程将直接遭受泥石流的威胁;处于影响区的拟建工程可能间接遭受泥石流的威胁;处于无危险区的拟建工程,泥石流对其无影响。根据泥石流沟与拟建工程的位置关系判定各泥石流的特征如下。

14#(朗且嘎)冲沟泥石流堵断雅鲁藏布江的可能性小,但沟口距上坝址大坝近,对大坝及其附属工程建筑物有一定的影响。

5#(朗佳1号)冲沟泥石流百年一遇泥石流总量小,不可能堵断雅鲁藏布江,但沟口距上坝址厂房尾水近,对厂房尾水及其工程建筑物有影响。

7#(朗佳2号)冲沟泥石流百年一遇泥石流总量小,不可能堵断雅鲁藏布江,沟口距上坝址远,对大坝及其工程建筑物无影响。

6#(朗新1号)冲沟沟口虽然距大坝近,但是百年一遇泥石流总量小,除了能增加少量泥砂外,对工程建筑物影响很小。

8#(朗新2号)冲沟百年一遇泥石流总量小,泥石流无堵断雅鲁藏布江的可能性,沟口距中坝址大坝较远,对大坝及其工程建筑物有影响,但影响很小。

10#(朗新3号)冲沟百年一遇泥石流总量小,泥石流无堵断雅鲁藏布江的可能性,沟口距中坝址大坝远,对大坝及其工程建筑物影响很小。

1#(干登)冲沟泥石流堵断雅鲁藏布江的可能性小,对中坝址大坝影响小,但冲沟距厂房近,对厂房及其工程建筑物有影响。

另外,根据前文叙述,7#(朗佳2号)冲沟、8#(朗新2号)冲沟和10#(朗新3号)冲沟沟脑的岩屑坡及石冰川位于拟选中坝址上游山体,年内大部分时间处于冻结状态,仅在气温大于0℃时上部有部分消融,随着气温的升高,其消融量及年输出量会缓慢增大。但气候变暖是一个缓慢的过程,岩屑坡或石冰川内部冰核消融过程也相对缓慢。在岩屑坡和石冰川漫长的变化过程中,会有部分物质在外力作用下进入雅鲁藏布江(输送形式为泥石流物源、滑移等),或通过物质输送和调整而达到应力平衡。但整体堆积体稳定性好,不会发生整体垮塌或滑移。松散物质量的运移是一个逐渐循环减少的过程,一次输出物质总量仅为上部冲刷、前缘垮塌及冲刷的物质量,规模小,对拟建工程威胁小。

2.各沟谷泥石流对坝址拟建建筑物的危害方式

以中坝址为例,主要说明其遭受的泥石流威胁方式及危害程度(影响)。上、下坝址根据拟建工程与泥石流的相对位置关系,影响类同。

中坝址拟选方案为混凝土重力坝+坝后式厂房。坝体为常态混凝土重力坝,坝顶高程为3543m,坝底高程为3398m,最大坝高145m,坝顶宽10m,坝顶长度440m,坝底最大宽度130.4m。大坝从左至右依次分为左岸挡水坝段、左岸引水坝段、溢流坝段、右岸挡水坝段。坝后式主厂房长152.5m,宽28m,高70.2m,安装间高程3 437.6m。坝后式厂房位于坝轴线下游83.4~152.9m。厂区地形坡度30°~50°,下游紧靠小山脊,3536m高程有一条沿江公路。导流系统包括上、下游围堰及导流洞。上游围堰位于坝轴线上游266m,轴线方向N5.9°E,堰顶高程3 485.0m,围堰区枯期河水位高程3 444.86m,相应河水面宽76m,堰顶高程相应河谷宽217.4m。左岸地形坡度30°,右岸3468m高程以下地形坡度15°~27°,3468m高程以上地形坡度64°。下游围堰位于1#(干登)冲沟沟口,距坝轴线511m,轴线方向N11.2°E,堰顶高程3 461.5m。围堰区枯期河水位高程3 440.8m,相应河水面宽58.6m,堰顶高程相应河谷宽172.4m。导流洞布置在右岸,为2条,相距42m。导流洞主要由进口闸室、洞身及出口明渠组成。

根据区内拟建工程类型、与泥石流的相对位置关系,泥石流可能影响拟建中坝址工程的库容、坝体稳定性、辅助道路、围堰、临时厂区等。其中，在施工期可能影响拟建工程的辅助道路畅通、围堰施工、临时厂区安全，在运行期可能影响拟建工程的道路通行、库容、坝体稳定性等。

1)库容

处于坝址区上游的泥石流沟谷冲出的松散物将直接堆积于坝体库容内，处于坝体下游的泥石流对拟建工程库容无影响。区内影响中坝址库容的泥石流沟谷主要有5#(朗佳1号)冲沟、7#(朗佳2号)冲沟、6#(朗新1号)冲沟、8#(朗新2号)冲沟、10#(朗新3号)冲沟、14#(朗且嘎)冲沟。根据前文计算结果，泥石流一次最大冲出量为$2.64\times10^4m^3$[14#(朗且嘎)冲沟]，其余冲沟一次最大冲出量均小于$1\times10^4m^3$，而坝体总库容为$1.445\times10^8m^3$，可见泥石流冲出的固体物质对拟建坝体库容的影响小，但一次冲出的固体物质可能局部堵塞库首引水渠、溢洪道等，应考虑游淤积问题并进行采取措施防治。

2)坝体稳定性

因拟建中坝址处于各冲沟泥石流的安全区，坝体位于泥石流通道区外，泥石流汇入雅鲁藏布江后将消能，大部分沉积于雅鲁藏布江内，部分被江水冲刷带动堆积于下游坝前，所以泥石流不会直接接触拟建坝体对坝体产生冲击，区内泥石流对坝体的稳定性无影响。

3)辅助道路

拟建坝址区道路穿越1#(干登)冲沟、5#(朗佳1号)冲沟、7#(朗佳2号)冲沟危险区及影响区，根据暴发频率不同，泥石流对道路的影响范围和影响程度不同，泥石流对道路的威胁方式主要为冲毁、掩埋导致道路毁坏或阻塞。上述冲沟在调查期间已修建过水涵洞，可疏导部分泥石流，为防止涵洞堵塞，工程运行期间应对涵洞及时清淤及检修，其余拟建的线路设施有穿越泥石流沟口的亦应按设计频率设计涵洞等疏导设施。

4)围堰

拟建中坝址上游围堰处于6#(朗新1号)冲沟危险区内，下游围堰处于1#(干登)冲沟危险区内，这两条冲沟在工程建设期间暴发泥石流将直接威胁拟建围堰的建设及自身设施的安全，建议在泥石流沟沟口按设计频率对泥石流进行疏导，避免泥石流对拟建工程造成威胁。

5)临时结构拼装厂、混凝土预制厂等

该部分拟建设施有部分位于泥石流危险区、影响区范围内，泥石流因阻塞或爬高对其有一定的影响，泥石流冲出物可能冲入场地内而造成拟建设施、设备的损坏，建议在泥石流沟侧修建设施以保证场地的安全。

综上所述，上坝址受7#（朗佳2号）冲沟和14#（朗且嘎）冲沟的威胁，7#（朗佳2号）冲沟和14#（朗且嘎）冲沟沟口及中、下游沟道成灾的可能性大，因上坝址位于上述各冲沟洪积扇（危险区）外，所以冲沟对坝体的稳定性无影响，但坝体仍处于影响区内。7#（朗佳2号）冲沟、14#（朗且嘎）冲沟主要影响上坝址辅助设施。

中坝址受5#（朗佳1号）冲沟、7#（朗佳2号）冲沟、6#（朗新1号）冲沟、8#（朗新2号）冲沟、10#（朗新3号）冲沟及14#（朗且嘎）冲沟的威胁，据前文所述，上述冲沟沟口及中、下游沟道成灾的可能性大，因中坝址位于上述各冲沟洪积扇（危险区）外，冲沟对坝体稳定性的影响极小，但坝体仍处于影响区内，上述冲沟影响拟选中坝址辅助设施。

下坝址受1#（干登）冲沟、5#（朗佳1号）冲沟、7#（朗佳2号）冲沟、6#（朗新1号）冲沟、8#（朗新2号）冲沟、10#（朗新3号）冲沟及14#（朗且嘎）冲沟的威胁，据前文所述，上述冲沟沟口及中、下游沟道成灾的可能性大，因下坝址位于上述各冲沟洪积扇（危险区）外，冲沟对坝体稳定性的影响小，但坝体仍处于影响区内，上述冲沟主要影响下坝址辅助设施。

第三节　防治与原则

（1）在有条件避让的情况下，应优先考虑避让。

（2）依据各沟泥石流的基本特征和防治条件，制定符合实际的防治方案。

（3）抓住泥石流形成的关键部位和重要环节，强化治理。

（4）坚持安全可靠、技术可行、经济合理的原则。

（5）加强调查研究，尊重自然规律，力争人与自然的和谐相处。

第四节　防治方案建议

根据上述泥石流的防治原则，并结合泥石流的发生条件、活动特点、危害状况及泥石流自身的特点和规律等，研究区泥石流的防治应针对危害大的沟谷重点治理，从削弱或消除可能发生泥石流的条件、改变或控制泥石流的活动规律及性质、减轻或消除泥石流的危害等方面采取一系列相应的对策与措施，全方位、多层次地进行泥石流防治。

研究区泥石流物源补给类型多，物源量大，各冲沟的沟槽输移条件和补给物源也不尽相同，为此，研究区泥石流治理工程选择要因地制宜，有针对性。

针对研究区内泥石流具体的危害对象和对受灾体的危害程度，总体治理思路为采用防护工程措施消除泥石流对坝体安全性的影响，消除泥石流对拟建道路及辅助设施的危害，减小泥石流沟道对水库库容的影响。

防治措施建议如下：

(1)研究区内的各泥石流沟不会对水库产生直接危害，但对进厂道路、泄洪设施可能有较大的影响，入库泥砂的多寡会对库容产生不同程度的影响。这些影响越往上游越小，越往下游越大。在坝址的比选中应考虑到这一因素。

(2)对水电工程有危害的泥石流沟应进行必要的治理。区内泥石流主要威胁对象为拟建道路及辅助设施，危害方式主要为淤积、淹没，所以对泥石流的治理措施主要考虑保护拟建工程及疏导泥石流。在查明泥石流形成的重点部位和形成方式的基础上，对大量参与泥石流活动的松散物质可采取稳固措施，对沟道可采取减轻冲蚀等措施。

(3)对跨越泥石流沟的道路等，排导措施是必不可少的。排导措施的设计既要考虑防冲刷，也要考虑防淤积。桥涵工程要保证过流断面，同时还应考虑一定的淤积厚度。为了减轻淤积，桥涵底部不应为平坡，而应保持一定的坡度。

(4)施工期间，对员工驻地、材料场地的选择应避开泥石流影响区，并加强监测预警，同时应采取一些导流措施，避免发生人员伤亡和财产损失等事故。

(5)对处于直接威胁区内的围堰，应考虑采取疏导措施以避免泥石流对拟建设施的威胁。

第八章

结论及建议

本次研究的“七沟一河”中只有1#（干登）冲沟和14#（朗且嘎）冲沟中发育有冰川与冰湖。分布在冲沟中的冰湖属冰川侵蚀湖，其面积小，湖水浅，水量小，冰湖稳定，且冰湖散布在各支沟中，加之冰川面积很小，融水量小，因此发生冰湖溃决的可能性小，由冰湖溃决引发大规模泥石流的可能性小。

各个冲沟内松散固体物质分布广泛，数量巨大，远远超过形成泥石流的有关指标（$4\times10^4 m^3/km^2$），地形条件也完全满足泥石流发生的基本条件。根据《泥石流灾害防治工程勘查规范》（DZ/T 0220—2006）评判方法，各沟得分均达到泥石流沟的指标，因此研究区内的7条冲沟均属泥石流沟，在适当的降水条件下有发生泥石流的可能性。

各泥石流沟均属轻度易发（亦称低易发）泥石流，发生频率大体为20年一次，规模除1#（干登）冲沟和14#（朗且嘎）冲沟为中型外，其余为小型。

将研究区内泥石流危害区综合划分为危险区、影响区、无危险区3类。危险区泥石流直接威胁拟布置在区内的道路工程及附属工程等，危险性为中等，因拟建坝址均位于危险区外，所以泥石流对拟建坝体无直接影响。影响区泥石流间接影响拟布置在区内的道路工程及辅助设施等，危险性小，并对拟建坝址库容有一定的影响，冲出的固体物质将堆积于水库内，但因库容大，冲出的固体物质对拟建坝体库容的影响轻微，危险性小，对坝体稳定性无影响。安全区的拟建工程不会遭受研究区内7条冲沟的影响。

沃卡河流域面积约$1460km^2$，已超出一般泥石流的范畴，加之流域中已修建了多级水电站，即使上游发生泥石流，也不会威胁到巴玉水电站的安全。另外，在沃卡河河口及下游沟道内未发现有明显的泥石流堆积物，研究调查范围中的各支沟沟口亦无泥石流堆积扇发育。据此判定沃卡河不属于泥石流沟。

7#（朗佳2号）冲沟、8#（朗新2号）冲沟和10#（朗新3号）冲沟沟脑的岩屑坡及石冰川位于拟选中坝址上游山体，年内大部分时间处于冻结状态，仅在气温大于0℃时上部有部分消融，随着气温的升高，消融量及年输出量会缓慢增大。但气候变暖是一个缓慢的过程，岩屑坡或石冰川内部冰核消融过程也相对缓慢。在岩屑坡和石冰川漫长的变化过程中，会有部分物质在外力作用下进入雅鲁藏布江（输送形式为泥石流物源、滑移等），或通过物质输送和调整而达到应力平衡。但堆积物整体堆积体稳定性好，不会发生整体垮塌或滑移。松散物质量的运移过程亦是一个逐渐循环减少的过程，一次输出物质总量仅为上部冲刷、前缘垮塌及冲刷的物质量，其规模小，对拟建工程威胁小。

1＃(干登)冲沟和14＃(朗且嘎)冲沟沟口均分布有大量残坡积物，建议对它们在库水浸泡下的稳定性进行专门勘查评价。

随着极端天气的频繁发生，近年来按传统评价标准认定的一些非泥石流沟谷先后发生了大规模泥石流，造成了重大灾害损失。研究区诸沟形成泥石流的地面条件非常充分，以往活动不够频繁的主要原因是降水条件不充分。随着极端天气的增多，一旦降水条件具备，发生泥石流的概率也会随之增大，建议在施工及运营期间加强监测、预报工作。

本书第一章至第四章第四节(共计12.8万字)由赵怀编写，第四章第五节至结束(共计8.3万字)由李凯编写，全书由李凯统稿。

主要参考文献

柴波，陶阳阳，杜娟，等，2020. 西藏聂拉木县嘉龙湖冰湖溃决型泥石流危险性评价[J]. 地球科学，45(12)：4630-4639.

陈鹏宇，乔景顺，彭祖武，等，2013. 基于等级相关的泥石流危险因子筛选与危险度评价[J]. 岩土力学，34(5)：1410-1415 .

陈鹏宇，余宏明，刘勇，等，2013. 基于独立信息数据波动赋权的泥石流危险度评价[J]. 岩土力学，34 (2)：450-454 .

方成杰，钱德玲，徐士彬，2017. 基于云模型的泥石流易发性评价[J]. 合肥工业大学学报(自然科学版)，4(12)：1659-1665.

高国胜，杜学礼，2006. 应有 PIV 法测定泥石流流速[J]. 水土保持应用技术(6)：3-4.

龚凌枫，张远达，铁永波，等，2022. 雅鲁藏布江大拐弯典型泥石流全新世以来发育历史及活动特征[J]. 地质力学学报，28(6)：1024-1034.

郭树清，李海军，张仲福，2018. 泥石流防治工程常见问题及其对策研究[M]. 兰州：兰州大学出版社.

韩用顺，崔 鹏，刘洪江，等，2008. 泥石流灾害风险评价方法及其应用研究[J]. 中国安全科学学报，18(12)：141-147 .

贾世济，孙硕，高帅，2024. 基于 EW－AHP 改良未确知测度理论的泥石流危险性评价方法[J]. 河北地质大学学报，47(01)：51-55.

刘府生，周瑞宸，孙红林，等，2023. 基于 RAMMS 的冰湖溃决型泥石流演进模拟及危害性[J]. 科学技术与工程，23(33)：14123-14132.

刘希林，1988. 泥石流危险度判定的研究[J]. 灾害学(3)：10-15.

刘希林，莫多闻，2003. 泥石流风险评价[M]. 成都：四川科学技术出版社.

刘希林，唐川，2004. 泥石流风险性评价[M]. 北京：科学出版社.

刘希林，唐川，张松林，1993. 中国山区沟谷泥石流危险度的定量判定法[J]. 灾害学(2)：1-7.

刘希林，王全才，孔纪名，等，2004. 都(江堰)汶(川)公路泥石流危险性评价及活动趋势[J]. 防灾减灾工程学报，24(1)：41-46 .

刘希林，张松林，唐川，1993. 沟谷泥石流危险度评价研究 [J]. 水土保持学报(2)：20-25.

刘希林，赵 源，李秀珍，等，2006. 四川得昌县典型泥石流灾害风险评价[J]. 地质灾害学报，15 (1)：11-16 .

罗元华，2000. 论泥石流灾害风险性评估方法[J]. 中国矿业，9(6)：70-72.

孙美平，刘时银，姚晓军，等，2014. 2013 年西藏嘉黎县“7 · 5”冰湖溃决洪水成因及潜在危害[J]. 冰川冻土，36(1)：158-165.

谭炳炎，1986. 泥石流沟严重程度的数量化综合评判[J]. 铁道学报(2)：74-82.

唐川，JORG G，1998. 滑坡灾害评价原理和方法研究[J]. 地理学报，53(S)：149-157.

唐川，朱大奎，2002. 基于 GIS 技术的泥石流风险评价研究[J]. 地理科学，22(3)：300-304 .

吴树仁，石菊松，王涛，等，2009a. 地质灾害活动强度评估的原理、方法和实例[J]. 地质通报，28(8)：1127-1137 .

吴树仁，石菊松，张春山，等，2009b. 地质灾害风险评估技术指南初论[J]. 地质通报，8(8)：995-1005 .

向喜琼，黄润秋，2000. 地质灾害风险评价与风险管理[J]. 地质灾害与环境保护，11(1)：38-41 .

余宏明，袁宏成，唐辉明，2004. 巴东县新城区冲沟泥石流危险度评价[J]. 水文地质工程地质增刊(增刊)：47-49 .

张茂省，等，2008. 延安宝塔区滑坡崩塌地质灾害[M]. 北京：地质出版社.

赵学宏，陈志，沈发兴，2015. 泥石流灾害国内外研究动态评述[J]. 自然科学 3(4)：225-231.

BLACKWELDER E，1928. Mudflow as geologic agent in semi-arid mountains[J]. Geological Society of America Bulletin(39)：465-487.